DER PATHOLOGE WEISS ALLES
. . . ABER ZU SPÄT

Dr. med. Hans Bankl

DER PATHOLOGE WEISS ALLES
... ABER ZU SPÄT

Heitere und ernsthafte Geschichten aus der Medizin

K&S

ISBN 3-218-00638-4

Schutzumschlaggestaltung: Kurt Rendl
unter Verwendung einer Karikatur von Serré aus „Humour noir et hommes en blanc“,
© by Edition Glénat, Grenoble
Lektorat: Elisabeth Tschachler-Roth
Satz: Zehetner Ges. m. b. H., A-2105 Oberrohrbach
Druck und Bindung: Wiener Verlag, Himberg bei Wien

INHALT

VORBEMERKUNG

Personen, nicht Ereignisse beeinflussen die Geschichte, sieht man von der Sintflut und dem Ausbruch des Vesuv ab. Persönlichkeiten ragen aus der Menge heraus und bestimmen die Richtung weiterer Ereignisse, auch wenn das zum Zeitpunkt ihres Wirkens noch niemand erkennt. Geschichte wird interessant und lebendig durch Personen.

Wer hätte, als Kolumbus 1492 aufbrach, gedacht, daß seine Mannschaft mit einer verheerenden Krankheit wiederkehren sollte – der Syphilis?

Niemand hat geahnt, daß Leonardo da Vinci (1452–1519) und Andreas Vesal (1514–1564), als sie Leichen kauften und raubten, um sezieren zu können, die Tieranatomie des Aristoteles und Galen für den Menschen als falsch erkennen würden.

Es war purer Zufall, daß jene sechs Personen, die Karl Landsteiner im Jahre 1900 untersuchte, verschiedene Blutgruppen hatten. Nur dadurch kam es zu seiner Entdeckung, die von der Kollegenschaft zunächst mitleidig belächelt wurde.

Was wäre geschehen, hätte der australische Pathologe Howard Florey eine völlig unbeachtete Publikation des Engländers Alexander Fleming nicht gelesen und somit nicht die Voraussetzungen für die Penicillinproduktion geschaffen?

Eingedenk solcher Reminiszenzen darf die Erinnerung an außergewöhnliche Menschen nicht im Strudel der aktuellen Tagesereignisse untergehen. Persönlichkeiten sind, was bleibt, wenn man Ämter, Orden und Titel abzieht.

Darf in der Medizin gelacht werden?

Humor ist in der ärztlichen Berufsordnung nicht ausdrücklich

verboten, daher müßten medizinische Anekdoten erlaubt sein. Gegenwart und Historie der Medizin sind voll von Kuriositäten und zumindest zum Schmunzeln anregenden Ereignissen. Diesen erfreulichen Aspekt mit der sonst meist so strengen und kategorischen Medizin zu verbinden ist unsere Absicht.
Lächeln ist angenehm. Ein Buch, bei dessen Lektüre man Wissenswertes erfährt und gleichzeitig lächeln kann, erfüllt seine Aufgabe: Freude für den Leser. Mehr wollen wir nicht.
Weiß der Pathologe wirklich alles? Selbstverständlich nicht!
Der fragmentarische Titel dieses Buches entstammt einem alten, traditionellen Scherz der Wiener Medizin. Die Ärzte sind nämlich zum größten Teil gar nicht so humorlos, wie sie manchmal von der Krankenkasse hingestellt und von der Ärztekammer repräsentiert werden. Vor allem gibt es Könner und Künstler hohen Grades in diesem Gewerbe, und das wird dann prägnant so formuliert:

Der Chirurg kann alles, aber er weiß nichts.
Der Internist weiß alles, aber er kann nichts.
Der Pathologe kann alles und weiß alles,
. . . aber zu spät!

Die meisten Bonmots betreffen naturgemäß die Chirurgen.
„Ein Chirurg ist ein Mann, der sich täglich wundert, wieviel man von einem Menschen wegschneiden kann, ohne ihn umzubringen.“
„Was ist der Unterschied zwischen dem Finanzamt und einem Chirurgen? Gar keiner. Beide versuchen aus den Leuten soviel wie irgend möglich herauszuholen.“
Die Berufsbezeichnung Chirurg stammt übrigens vom altgriechischen *„chirurgein“*: mit der Hand arbeiten, masturbieren. Ist doch erstaunlich, oder? Auch Scherzchen, die bedeutende Personen betreffen, hat es immer und in allen Ländern gegeben.
Der Chirurg Ferdinand Sauerbruch hieß in Deutschland *„frac-*

tura acida", vom Internisten Werner Waldhäusl spricht man als *„locus silvestris"*, und der zu seiner Zeit so dominierende Karl Fellinger wurde anerkennend *„der gschwinde Karl"* genannt, da er als einer der wenigen in den Fakultätsgremien imstande war, Entscheidungen zu treffen und sonst endlose Sitzungen rasch zu einem Abschluß zu bringen.

Diese wenigen Beispiele stellen klar: Es handelt sich nicht um Verspottungen, im Gegenteil – diese Beinamen charakterisieren Persönlichkeiten. Ich verneige mich in Hochachtung vor jedem, der einen akademischen Spitznamen trägt; er überragt als Individuum die umgebende Herde.

Bis in meine derzeitigen reifen Jahre werde ich von vielen Kollegen als *„kucskoid"* bezeichnet, da ich dem Vorbild meines Lehrers und Freundes Professor Lothar Kucsko (1912–1976) nacheifere. Diesen Spitznamen trage ich gerne, denn Kucsko – sein Spitzname war *„Rex"* – hat nicht jeden Nachwuchspathologen akzeptiert, sondern wußte genau die Spreu vom Weizen zu trennen. Das schafft nicht unbedingt Freunde.

Medizinhistorische Anekdoten sind in der Mehrzahl nicht einwandfrei zuzuordnen. Das heißt, die Personen, denen man witzige, sarkastische oder tiefgründige Schlagfertigkeiten in den Mund legt, sind keineswegs zweifelsfrei identifizierbar oder hören, je nach Anekdotensammlung, auf andere Namen. Aber das macht nichts.

Manche Historiker bekamen den Vorwurf, daß sie die Ereignisse anders beschrieben, als diese tatsächlich geschehen sind. Manch einer erwiderte: *„Mag sein, aber ist es so nicht viel besser und schöner?"*

Und so soll denn ein Merksatz, eine „Lebensweisheit" gelten, die Giordano Bruno (1550–1600) niedergeschrieben hat:

„Se non è vero, è molto ben trovato."
Wenn es nicht wahr ist, so ist es sehr gut erfunden.

SELBSTZEICHNUNG

Eigentlich besteht ein Recht darauf, etwas über den Autor jenes Buches zu erfahren, welches man gerade in der Hand hat, eventuell durchblättert oder sogar liest.
Mein Name ist Bankl, und damit fängt bereits eine Geschichte an. Der ursprünglichen Bedeutung von Familiennamen nachzugehen ist manchmal aufschlußreich. *„Bankl"* stammt angeblich von der Berufsbezeichnung *„Bankler"*, und dies waren Leute, welche in früheren Zeiten von Bauernhof zu Bauernhof und von Viehstall zu Viehstall wanderten, wobei ihr wichtigstes Reisegepäck eine Schlachtbank war. Bei diesen Personen handelte es sich nämlich um vazierende Schlächter und Fleischbeschauer. Für einen Pathologen, der sich mit diagnostischen Leichenöffnungen beschäftigt, ist ein solcher Familienname nicht unoriginell.
Mein Großvater war Fleischhauergeselle, und dies ist die Fortsetzung der Geschichte. Im Ersten Weltkrieg wurde mein Großvater zum Soldaten gemacht, einer Sanitätseinheit zugeteilt und dort als Hilfskraft in eine Militärprosektur abkommandiert. Die Beschäftigung als Obduktionsgehilfe hat ihn derart fasziniert, daß er immer wieder sagte, er werde nach dem Krieg seinen Beruf wechseln und in einem Krankenhaus im Seziersaal arbeiten. Dazu ist es aber nicht gekommen, denn er wurde bei einer Leichenöffnung durch einen Messerstich verletzt. Die entstehende Infektion entwickelte sich rasch zur Sepsis, und daran ist er gestorben; man nannte das damals *„Blutvergiftung"*.
Was konnte nun aus einem Mediziner mit so einem Namen und solch einem Vorfahren anderes werden als ein Pathologe?

Ich habe mir die Berufswahl nicht leichtgemacht, sondern das Orakel befragt. Im Jahre meiner Promotion (1965) gab es weder eine Medizinerschwemme noch einen Aufnahmestopp an den Universitätsinstituten und daher reichlich freie Ausbildungsstellen. Nach entsprechender Bewerbung wurde mir sowohl von Professor Leopold Breitenecker (Gerichtsmedizin) als auch von Professor Hermann Chiari (Pathologie) eine Stelle angeboten. Dies war noch in jenen längst vergangenen Zeiten, als die Institutsvorstände entscheiden konnten, wen sie aufnehmen oder nicht, während heute Personalkommissionen und Institutskonferenzen Personalpolitik betreiben. Da im Areal des alten Allgemeinen Krankenhauses die Institute für Pathologie und Gerichtsmedizin unmittelbar nebeneinander lagen, habe ich mich dazwischen auf eine Parkbank gesetzt und eine Münze geworfen: Pathologie hat gewonnen.

Wie sich ein Pathologe in die Schriftstellerei verirrte und sogar begann Bücher zu schreiben, ist ganz einfach zu erklären. Durch eine glückliche Fügung sind bei mir Beruf und Neigungen eins. Das Interesse für die Geschichte der Medizin begann sehr früh, desgleichen die Sammlertätigkeit. Es klingt makaber, ist aber wahr, wenn ich bekenne, Obduktionsbefunde und damit Todesursachen zu sammeln. Und wenn man dabei, vom Glück begünstigt, Entdeckungen macht wie etwa den lateinischen Originaltext des Sektionsprotokolls von Beethoven oder den *„autopsy report“* über den ermordeten Präsidenten J. F. Kennedy, so liegt es nahe, dies zu veröffentlichen. Damit fing die Bücherschreiberei an.

Die erste Person, mit der ich mich medizinbiographisch beschäftigt habe, kam als 22jähriger aus dem Ausland nach Österreich; der Vater war Alkoholiker, die Mutter tuberkulosekrank. Der *junge Ausländer ohne anerkannte Berufsausbildung* wurde durch Spenden betreut; er sah derart fremdländisch aus, daß er „spagnol“, der „Spanische“ genannt wurde. Wenige Jahre später war er ein schwer Behinderter.

Es hat also Zeiten gegeben, da war Österreich für einen mittellosen, spendenbedürftigen, durch Schwerhörigkeit behinderten Ausländer noch ein Einwanderungsland – denn es machte aus diesem Mann den Österreicher Ludwig van Beethoven.
Der zweite war ein *Karriereflüchtling aus dem Ausland,* der seinen Posten verloren hatte und arbeitslos war. Er blieb in Wien und wurde Österreicher – Österreich war ein Einwanderungsland, denn es machte diesen Mann, der aus dem damals unabhängigen Salzburg stammte, zum Österreicher Wolfgang Amadé Mozart.
Der nächste kam aus Mähren, war Jude und hieß Schlomo. Seine Verwandten waren klassische *Wirtschaftsflüchtlinge,* als sie nach Wien auswanderten. Schlomo blieb 78 Jahre in Wien, bis er vertrieben wurde und im Ausland Aufnahme fand. Trotzdem war Österreich bis 1938 ein Einwanderungsland, und aus dem tschechischen Juden wurde der Österreicher Sigmund Freud.

Einem Pathologen ist erlaubt, Erfahrungen und Gedanken darzulegen, Geschichten und Kuriositäten aus der Medizin zu erzählen sowie eine subjektive Meinungsäußerung als Arzt, der das Leben wie auch das Sterben beobachtet, abzugeben.
Es wird wohl kaum jemandem in den Sinn kommen, darin eine unerlaubte Werbung für das Kleingewerbe eines Pathologen zu entdecken. Für Ärzte besteht nämlich ein modifiziertes Werbeverbot, jedoch ist es unwahrscheinlich, daß aufgrund von Werbeinformationen sich Menschen in nennenswerter Anzahl an einen Pathologen wenden, um von ihm seziert zu werden.
Ausnahmen bestätigen allerdings die Regel. Eines Tages erschien bei mir eine reife Dame, Trägerin eines bekannten Namens und Witwe eines weltberühmten Mannes, mit der Bitte, ich möge nach ihrem Ableben die Obduktion sowie die Leichenkonservierung zum Zwecke der Überführung in ihr Heimatland durchführen.
Es gibt also sogar in der Pathologie Voranmeldungen.

OHNE ANATOMIE GEHT GAR NICHTS!

Ärzte ohne Anatomiekenntnisse gleichen Maulwürfen;
sie arbeiten im Dunkeln, und ihrer Hände Tagewerk
sind – Erdhügel.

Wenn Ärzte nicht an Toten lernen können,
müssen sie dies an Lebenden tun –
und das kann Tote geben.
Medizinerweisheit

Diese beiden aphoristischen Bemerkungen sagen eigentlich bereits alles über die Wichtigkeit und Notwendigkeit der Anatomie. Die Anatomie (griechisch: „*Zergliederungskunst*") am Menschen ist eine junge Wissenschaft. Der Glaube, daß die Seelen der Verstorbenen so lange am Ufer des Flusses Styx herumirren müssen, bis ihre Körper beerdigt sind, machte die Anatomie im altklassischen Griechenland, der Geburtsstätte abendländischer Kultur, unmöglich. Ähnliches gilt bis heute für orthodoxe Juden und Moslems.

Viele Jahrhunderte studierte man nicht menschliche Anatomie, sondern Beobachtungen bei der Sektion von Tieren wurden auf den Körper des Menschen übertragen. Diese Erkenntnisse standen dann in den gelehrten Büchern von Aristoteles (4. Jahrhundert v. Chr.) bis Galen (2. Jahrhundert n. Chr.) und wurden geglaubt, da diese Leute Autoritäten waren.

Anatomie ist Wirklichkeit statt Vermutung,
darüber gibt es keine Diskussion.
Glaube ist Vermutung statt Wirklichkeit,
darüber gibt es nur Diskussionen.

Es ist erstaunlich, daß beim Einbalsamieren im alten Ägypten keine anatomischen Erkenntnisse gewonnen wurden. Im Gegenteil, denn es herrschten beispielsweise solche Vorstellungen:

- Das Herz nimmt ab Geburt jährlich bis zum 50. Lebensjahr um 10 Gramm zu, von da an jährlich um ebensoviel ab – deshalb kann kein Mensch über 100 Jahre alt werden.
- Ein Nerv führt direkt vom Herzen zum vierten Finger der linken Hand. Deshalb wurde dieser Finger als *„digitus cordis"* bezeichnet. Aus langer Tradition entwickelte sich daraus die Gewohnheit, bei *„herzlichen"* Angelegenheiten den vierten Finger links mit einem Ring zu schmücken. Personen mit klassisch-geschichtlichem Bewußtsein tragen daher den Freundschaftsring, Verlobungsring oder Ehering an der linken Hand.

Der Grieche Galen war die dominierende medizinische Autorität seiner Zeit und für über tausend Jahre richtungweisend. Am Höhepunkt seiner Karriere wurde er Leibarzt von Kaiser Marc Aurel (121–180 n. Chr.), welcher bekanntlich in Vindobona gestorben ist. In den Schriften des Galen findet sich erstmals der Begriff *„Pathologia"* als Bezeichnung für eine Spezialdisziplin der Medizin. Aber auch er vertrat noch ziemlich abstruse anatomische Vorstellungen:

- Die vier Lappen der Leber umfassen wie Finger die Herzkammern, um Wärme an diese abzugeben.
- Die Atemluft wird der linken Herzkammer zugeführt, wo sie mit Hilfe der Körperwärme in Lebensluft verwandelt und durch die Arterien (Luftgefäße) im Körper verteilt wird.

Solche Ansichten bestanden bei der Mehrzahl der unbedarften Ärzte bis in das 16. und 17. Jahrhundert.

Seit wann gibt es eine exakte Anatomie?
Die Begründer waren das Universalgenie Leonardo da Vinci (1452–1519) und der kritisch-selbstbewußte Arzt Andreas Vesalius (1514–1564).
Leonardo war Künstler, kein Anatom. Um aber der Sache auf den Grund zu gehen, sezierte er selbst, überprüfte eigenhändig und fertigte 799 anatomische Zeichnungen an, deren Qualität und Korrektheit nur in ganz wenigen Ausnahmen von unserem heutigen Wissen abweichen.
Vesal war Leibarzt Karls V. und ersetzte die bis damals übliche Tieranatomie durch die korrekte Menschenanatomie. Er schrieb darüber den Bestseller *„De humani corporis fabrica libri septem“* (1543), dessen Illustrationen ein Schüler des Tizian anfertigte.

Die normale Anatomie als exakte Wissenschaft
ist knapp über 450 Jahre alt (1543, Andreas Vesal).

Die pathologische Anatomie als Spezialfach ist etwas
mehr als 230 Jahre alt
(1761, Giovanni Battista Morgagni).

Ganz offensichtlich hat der berühmte Galen, jahrhundertelang eine medizinische Autorität und unbestritten ein ausgezeichneter Arzt, seine Berufskameraden sehr gut gekannt. Von ihm stammt der sehr modern klingende Satz: *„Die Natur ist der allerbeste Arzt, denn drei Viertel aller Krankheiten vermag sie zu heilen – und nie spricht sie Böses von ihren Kollegen.“*

DIE ERSTE OBDUKTION IN WIEN

Auf Betreiben Herzog Rudolfs IV. von Habsburg (1339–1365) erfolgte die Gründung der Wiener Universität mit Stiftungsbrief vom 12. März 1365. Dieser „Rudolf der Stifter" starb jedoch vier Monate später, und die Universität war unvollständig, da Papst Urban V. aus politischen Gründen eine theologische Fakultät nicht gestattete. Die wurde erst 1384 eingerichtet, und im Jahre darauf konnte der erste Rektor gewählt werden.
Es ist sehr wahrscheinlich, daß die regelmäßige Arbeit an der medizinischen Fakultät nicht vor 1399 begann.
Am 12. Februar 1404 wurde jedenfalls in der Badestube des Heiligen-Geist-Spitales vor den Stadtmauern Wiens die erste öffentliche Sektion einer menschlichen Leiche durchgeführt. Geleitet hat dieses feierliche Ereignis der Dekan der medizinischen Fakultät, Galeazzo de Santa Sophia. Von den eingehobenen Zuschauergebühren wurde das erste Siegel der medizinischen Fakultät angeschafft. Bier, Wein und Konfekt wurden angeboten, *„Doctores, Scholares, Apothecarii et Chirurgii"* waren vom Eintrittsgeld befreit, alle übrigen mußten für das Spektakel zahlen.
Das Heiligen-Geist-Spital, vornehmlich für Pilger bestimmt, lag im Süden Wiens vor dem Kärntner Tor und jenseits des Wienflusses, etwa in der Gegend der heutigen Technischen Universität. Anläßlich der ersten Türkenbelagerung 1529 wurde das Krankenhaus aus strategischen Gründen geschleift und nicht mehr aufgebaut. 1452 fand die erste Sektion einer Frauenleiche statt. Diesmal schloß man aber aus Gründen der Sittlichkeit die Öffentlichkeit aus.

Der Buchhändler Alantsee aus der jetzigen Sonnenfelsgasse war der erste Wiener, der in seinem Testament verlangte, daß nach seinem Tod der Körper geöffnet würde.
Das Ergebnis wurde so protokolliert: „... *daß man ihm nach seinem Begehren und der Freundschaft willen die Brust geöffnet im Jahre 1522 und befunden, daß das Herz mehr denn halbert verfault und eitrig gewesen* ...“

WAS IST PATHOLOGIE?

Jeder braucht sie, keiner will sie.
Im täglichen Sprachgebrauch werden meistens Pathologie und pathologische Anatomie synonym gebraucht. Das war früher einmal richtig, ist jedoch gegenwärtig nicht mehr so einfach.
Pathologie ist Krankheitslehre und Krankheitsforschung.
Pathologische Anatomie ist die Lehre von den krankhaften Veränderungen an den Zellen und Geweben des Körpers.
Pathologie umfaßt daher – im weiteren Sinn – die gesamte Medizin. Das ist gut, hat sich bewährt und sollte auch so bleiben.
Der Pathologe steht im Seziersaal,
sitzt hinter dem Mikroskop,
betreibt bakteriologische und serologische Diagnostik,
ist Gesprächspartner des Klinikers
. . . und macht Fehler wie jeder andere Mensch.
Die treffendsten Bezeichnungen stammen von Pathologen selbst, so nannte sich Wilhelm Doerr: *„Arzt mit besonderem Auftrag"*, während Robert Rössle unseren Berufsstand so charakterisierte: *„Pathologen sind neugierig bewegt, wenn auch einseitig vertieft."*
Beide haben irgendwie recht. Der besondere Auftrag besteht in unserer diagnostischen und gutachterlichen Tätigkeit; ohne neugierig zu sein, ist in der Wissenschaft überhaupt nichts möglich, und einseitig vertieft ist jeder Spezialist. Letzteres macht so lange nichts, als er noch den Blick für das Ganze behalten hat.
Für das nichtmedizinische Publikum, und das ist die überwie-

gende Mehrheit, hat der Pathologe etwas Unheimliches an sich. Die Leute wissen ja nicht so genau, was sich hinter den Türen des Seziersaales tatsächlich abspielt, und daher wird unsere Tätigkeit am menschlichen Leichnam meist mit gemischten Gefühlen betrachtet.

> *„Die Pathologen und die Psychiater sind die schwarzen Schafe der Medizinerwelt. Die einen beschäftigen sich mit dem Tod, die anderen mit dem Wahnsinn. Und so weit hergeholt ist die Verwandtschaft Pathologie – Psychiatrie nicht."*
> Aus den USA kam eine noch härtere Charakterisierung der Pathologen von einer Medizinstudentin: *"How can anyone in his right mind do this sort of thing!"*

Pathologische Anatomie zur Feststellung einer Todesursache wurde schon von Maria Theresias Hof- und Leibarzt Gerard van Swieten (1700–1772) und dessen Schülern getrieben. 1796 wurde ein unbesoldeter staatlicher Amtsposten geschaffen und kaiserlich genehmigt. Der junge Arzt Aloys Rudolf Vetter (geb. 1765) durfte die im Allgemeinen Krankenhaus zu Wien Verstorbenen sezieren. Ein Amt wurde installiert, keine Wissenschaft gegründet. Die Pathologie ist beamtet worden, aber das ist bekanntlich in unserem Land entscheidend.

Aus seinen anatomischen Anfangszeiten erzählte Joseph Hyrtl (1810–1894), der bedeutendste österreichische Anatom des vergangenen Jahrhunderts: *„Ich hatte eine Kindesleiche nach Hause getragen, um meine ersten Einspritzungsversuche zu machen. Ich setzte sie, da meine Kammer nicht heizbar war, in einem Küchentopf in den Ofen, wo meine Mutter das Mittagmahl kochte. Als Zeit zum Anrichten war, ergriff sie das unrechte Geschirr, aus welchem ihr ein hartgesottenes Menschengesicht entgegenstarrte. Ein Schrei, eine Ohnmacht folgte. Topf und Kind lagen auf dem Boden. Ich raffte es auf, um es unter meinem Mantel (es war*

Winterszeit) eiligst und bestürzt zurückzutragen. Auf der Schlagbrücke [Brücke über den heutigen Donaukanal in Wien] angelangt, tat ich auf dem Glatteis einen schweren Fall. Ein Polizeimann half mir auf und entdeckte, als der Wind den Mantel lüftete, meine heimliche Bürde. Festgenommen, auf das Kommissariat geschleppt und einstweilen in festen Gewahrsam gesteckt. Gegen Abend Verhör, Verteidigung als wahrscheinlich angenommen, aber Unschuld an Kindesmord nicht hinlänglich bewiesen. Ich berief mich auf den Anatomiediener Kaspar, bei dem ich das Corpus delicti um zwei Gulden gekauft hatte. Unter Bedeckung zweier Vertrauter wurde ich zu ihm geführt, Kaspar war total betrunken. Hierauf ging es zu Professor Mayer, dem Vorstand des Institutes, welcher sofort an dem roten Band der Nabelschnur erkannte, daß das Kind aus dem Findelhaus stammte. Er hielt mir eine kurze Verteidigungsrede und eine lange Strafpredigt, lud mich und die beiden Kriminalbeamten zum Nachtmahl ein, und so wurde aus dem vielbewegten Tag noch ein fröhlicher Abend."

Die Tochter meines verehrten Lehrers hat im Kindergarten auf entsprechende Fragen nach dem Beruf der Eltern mit herzlicher Frische immer geantwortet: *„Mein Vater ist ein Leichenschneider!"* Die Reaktionen waren zwiespältig.

WAS PATHOLOGEN TUN

Die Hauptaufgaben der pathologischen Anatomen sind:

1. Mitwirkung bei Diagnostik und Therapie von Erkrankungen. Dieser Dienst am Patienten – also am Lebenden – macht etwa 80 Prozent unserer Tätigkeit aus.

2. Durchführung von wissenschaftlich-diagnostischen Leichenöffnungen. Dies erfolgt zur exakten Feststellung von Haupt- und Nebenkrankheiten sowie zur Bestimmung der Todesursache. Etwa 20 Prozent unserer Tätigkeit ist der Untersuchung von Toten gewidmet.

Die wissenschaftlich-diagnostische Leichenöffnung hat drei Namen, welche den gleichen Vorgang bezeichnen, aber in ihrer ursprünglichen Bedeutung völlig unterschiedlich sind.
Obduktion kommt vom lateinischen *„obducere"*, was „öffnen" oder „vorführen" bedeutet.
Sektion stammt vom lateinischen *„sectio"*, das heißt „Zerschneidung".
Autopsie ist eine aus griechischen Wortteilen zusammengesetzte Bezeichnung, *„autos"* heißt „selbst" und *„opsis"* „Nachschau". Es geht also für den Arzt darum, „selbst nachzuschauen".
Eine Obduktion ist die letzte ärztliche Untersuchung am Menschen und die letzte Möglichkeit, die Krankheitssymptome mit entsprechenden Organveränderungen vergleichen zu können. Die klinische Obduktion ist überdies die weitaus billigste diagnostische Methode; sie bringt für den Pathologen finanziell nichts. Der diagnostische Wert ist dagegen sehr hoch, denn die Häufigkeit entdeckter klinischer Fehldiagnosen liegt weltweit zwischen 20 und 40 Prozent, was dem Patienten allerdings nicht mehr hilft.
Es werden also vom Pathologen diagnostische Aussagen für die verschiedensten Spezialdisziplinen der Medizin erwartet, d. h., wir sind täglich mit dem Gesamtgebiet der Medizin konfrontiert – von der Orthopädie über die Hepatologie und Gastroenterologie zur Dermatologie und von der Gynäkologie über die Hals-Nasen-Ohren-Heilkunde zur Hämatologie. Vom Pathologen wird verlangt, sich in allen diesen schwierigen Spezialfächern auszukennen. In dieser Beziehung gleicht der Pathologe oft einem einzelnen Schachspieler, der gleichzeitig in einer Simultanveranstaltung gegen eine Vielzahl verschiedener Partner antreten muß und dem aber so wenige Fehler wie möglich unterlaufen dürfen.
Aus der Realität solcher medizinischer Situationen stammt wohl der erste Halbsatz unseres Buchtitels: *„Der Pathologe weiß alles . . ."* Schön wär's.

Da wir aber bei den Leichenöffnungen ebenfalls unsere diagnostische Meinung abzugeben haben, entstand der etwas zynische zweite Halbsatz: *„. . . aber zu spät."*
Das stimmt allerdings nicht, denn jede Obduktionsdiagnose erweitert das Wissen der Ärzte und kommt nicht zu spät, sondern bereits dem nächsten Patienten zugute.
Wie auch immer, unbestritten ist die Pathologie ein umfassendes Gebiet, und daher muß ein Pathologe über die Medizin als einheitliche Wissenschaft sowie ihre vergangene, gegenwärtige und zukünftige Entwicklung Bescheid wissen.
Trotzdem:

> Als Pathologe ist man gewohnt,
> daß sich niemand bedankt.

BESSER FALSCH DEKLARIERTE JUBILÄEN ALS GAR KEINE

Der Kulturpublizist Georg Markus machte darauf aufmerksam, daß Österreichs Geburts- bzw. Namenstag auf Allerheiligen fällt. Das Datum 1. November 996 entspricht der österreichischen Mentalität genau: von *„Verkauft's mei' G'wand, i fahr' in Himmel"* bis zur ungemein wichtigen *„schönen Leich'"* sammelt sich hier alles in den ersten Novembertagen. Auch die Pathologie! Traditionsgemäß wird der 2. November, der Tag „Allerseelen", sowohl von zynischen wie auch von kulturgeschichtlich bewanderten Pathologen zu ihrem Feiertag erklärt.
So gehört der 1. November den Heiligen, der Kirche und dem Staat; der 2. November den armen Seelen, den Verstorbenen und den Pathologen.

HISTORIE IST DOCH SCHON VORBEI

GESTERN, HEUTE UND IN DER ZUKUNFT

Es ist das Schicksal der Geschichts- und Geschichtenschreiber, *„alles“* erst dann zu wissen, wenn es bereits passiert und schon vergangen ist. Dies scheint einer der Gründe zu sein, warum sendungsbewußte Wissenschaftler glauben, nur in die Zukunft blicken zu müssen, und daher manchmal die historische Vergangenheit sogar verachten. Gegenwärtig sind solche Leute in der Medizin häufig. Sie sind arm im Geiste: Armut bedeutet, es fehlt etwas – und jenen fehlt einiges. Fragt man, ob Theodor Billroth (1829–1894) ein großer und guter Arzt wie auch Wissenschafter war, so sagen alle ja. Doch fragt man, von wem das folgende Zitat stammt, erntet man Unwissenheit, also Armut an Wissen. *„Für meine Vorstellungen von wissenschaftlicher Tätigkeit sind Geschichte und Forschung so untrennbar verbunden, daß das eine ohne das andere für mich nicht denkbar ist.“*[1]

Den modernen Naturwissenschaften fehlt weitgehend ein historisches Bewußtsein. Der Blick in die Geschichte ist oft nicht mehr als der Verweis auf ein paar Jahreszahlen, mit denen man historische Bindung und Legitimation anstrebt.

Gegenwart und Zukunftsperspektiven einer Wissenschaft kann nur derjenige wirklich verstehen, der auch die geschichtliche Entwicklung seines Faches kennt. *Nur dadurch, daß wir auf den Schultern unserer wissenschaftlichen Vorfahren stehen, blicken wir jetzt so weit!*

---

1 *Theodor Billroth:* Über Lehren und Lernen der medizinischen Wissenschaften. 1875.

Wir haben die Chance, aus der Geschichte zu lernen, obwohl es manchmal schwerfällt, daran zu glauben.

WIE HAT ES ANGEFANGEN?

Am Beginn der Heilkunde stand die Beobachtung. Unfälle bei der Jagd und Verletzungen im Kampf waren augenscheinlich. Nicht mit den natürlichen Sinnen erklärbare Krankheitserscheinungen erhielten dagegen den Charakter des Unheimlichen und riefen zunächst Angst hervor. Der geängstigte naive Mensch verknüpfte die Krankheit mit Mächten, die stärker erschienen als er selbst: Götter, Dämonen, Zauberer, Ahnen. Dagegen entwickelte man strategische Heilrituale, Gegenzauber, Ahnenkult und Seelenvorstellungen sowie den Beruf des Heilkundigen als Medizinmann und Medizinpriester. Damit lag lange Zeit die Ausübung der Heilkunde in den Händen sogenannter *„Priesterärzte"*. Diese suchten mit Absicht ein enges Verhältnis zur Medizin, denn dadurch waren sie imstande, den Menschen in körperlichen Nöten beizustehen und um so unanfechtbarer sowohl eine religiöse wie auch eine weltliche Machtposition einzunehmen.
Obwohl die Berufskleidung damals eine andere war, bin ich mir sicher, daß die Bezeichnung *„Götter in Weiß"* ziemlich weit zurückreichende Wurzeln hat.
Auf diesem Weg wurde die Medizin mit der Religion verbunden, und das hatte vielfach fatale Folgen.
Am Anfang der Bekämpfung von Krankheiten mit wissenschaftlichen Methoden stand die normale Anatomie, am Ende des verlorenen Kampfes steht als letzte wissenschaftliche Untersuchung die pathologische Anatomie.
Durch Leichenöffnungen lernten die Ärzte, krankhaft veränderte Organe zu sehen und zu erkennen. Das war der entscheidende Durchbruch. Die Verbindung zwischen Anatomie und

Pathologie ist der morphologische Gedanke der abendländischen Medizin, d. h., jeder Krankheit – nicht jeder Funktionsstörung – liegt eine anatomische Veränderung zugrunde. Inzwischen hat sich das ungemein wichtige Gebiet der klinischen Pathologie aufgetan, wo mit morphologischen und biochemischen Methoden versucht wird, den kranken Menschen zu helfen. Die klinische Pathologie steht im Zentrum der Medizin. Dort gehört sie hin und dort muß sie auch bleiben.

Der medizinische Unterricht an der Wiener Universität wurde erst im 18. Jahrhundert durch Gerard van Swieten von den mittelalterlichen Formen befreit. Leichenöffnungen waren bis dahin nur vereinzelt an Krankheitsfällen von besonderem Interesse durchgeführt worden. Ein planmäßiges Studium der krankhaften Veränderungen gab es nicht. Das wurde alles anders, nachdem van Swieten als kaiserlicher Leibarzt das Medizinalwesen neu organisierte und die *Erste Wiener Medizinische Schule* gründete. Über jeden Patienten mußten genaue Aufzeichnungen geführt werden, nach jedem Todesfall fand eine Sektion statt mit angeschlossener Epikrise. Man betrieb *„Anatomia practica"*, so wurde die pathologische Anatomie damals genannt. Die Schüler van Swietens vertraten eine neue, aber einheitliche Geisteshaltung. Was man am Krankenbett sah, hörte, beklopfte oder tastete, erhielt erst durch die Anatomia practica Gewißheit und Gültigkeit. Die klinisch tätigen Ärzte haben die Leichen ihrer Patienten eigenhändig seziert, jeder Spitalsarzt war sein eigener Prosektor. Eine Arbeitsteilung zwischen Klinikern und Pathologen gab es nicht.
Erst Johann Peter Frank, Direktor des Allgemeinen Krankenhauses von 1795 bis 1804, ließ eine *„Todtenkammer"* im 10. Hof (heute: Ecke Spitalgasse/Sensengasse) in eine Prosektur umbauen *„mit einer Küche, einem Sectionslocale und einem Zimmer für den Prosektor"*. Hier begann Aloys Rudolph Vetter (1765–1806) im Jahre 1796 mit seiner Tätigkeit. Er war der

erste einer langen Reihe von Wiener Pathologen, worunter sich einige außergewöhnliche Persönlichkeiten befanden.
Denkt man an Vetter, so gebietet es die historische Gerechtigkeit zu betonten, daß dieser erste Denker in der pathologischen Anatomie ein typisch österreichisches Schicksal erlitt. Der Neid auf seine Begabung, die Eifersucht auf seine Erfolge als Lehrer und Buchautor und der Hochmut einflußreicher Ärzte und Politiker verbanden sich mit einer kleinlichen bürokratischen Pedanterie zu einem Kampf gegen ihn, in welchem er schließlich unterlag. Eine seiner Tätigkeit entsprechende und finanziell lohnende Stellung wurde ihm in Wien nie geschaffen. Im Gegenteil: Die Sorgen des Lebens und die anstrengende Berufsarbeit zerrütteten seine Gesundheit, er mußte, um überhaupt leben zu können, 1803 die Professur der Anatomie und Physiologie an der Chirurgenschule in Krakau annehmen. Mit 41 Jahren ist er an Tuberkulose gestorben.

„Erfolg ist das letzte, was einem Österreicher verziehen wird."

Hans Dichand

Vetter mußte 1803 gehen, Frank ein Jahr später. Die klerikalen Widerstände gegen ihn wurden zu groß. Einerseits weil er Freimaurer gewesen war, was damals unter Kaiser Franz II. (I.) gerichtlich verfolgt wurde, und andererseits weil er in seinem weltberühmten Buch *„System einer vollständigen medicinischen Polizey"* in Band 1, 1. Abteilung, 2. Abschnitt, ausführlich *„Von dem geistlichen Cölibatleben"* geschrieben hatte und letzteres dabei diskret kritisierte. Also hat man den damals bedeutendsten Wiener Arzt hinausgeekelt; er ging, als Leibarzt des Zaren, nach Wilna in Rußland.
Seine letzte Audienz beim Kaiser hatte Frank am 1. Februar 1804. Ein übelgelaunter Monarch empfing ihn: *„Ich weiß, war-*

um Sie kommen. Ich gestehe, es ist mir gleichgültig, ob Sie nach Wilna fahren oder nicht. Ihr Herren Gelehrten seid zu mißtrauisch. Man weiß nicht, wie mit Euch umzugehen ist. Ihr habt hitzige Köpfe.“
Worauf Frank entgegnete: *„Das ist deswegen, Majestät, weil wir mit den Köpfen arbeiten.“*

> *„Seltsamer Zufall, daß alle die Menschen, deren Schädel man geöffnet hat, ein Gehirn hatten.“*
> Ludwig Wittgenstein

Nachfolger Franks war der Staatsrat Joseph Andreas Freiherr von Stifft (1760–1836), der unter Kaiser Franz, dessen Leibarzt er war, das Gesundheitswesen reglementierte, wobei er sich als Feind aller Neuerungen erwies. Überdies war er kein sehr guter Arzt. Aber als Leibarzt und ständiger Besucher am kaiserlichen Hof wußte er über so viele intime Interna des Herrscherhauses Bescheid, daß man ihn später nicht mehr loswerden konnte.
Als während einer schweren Erkrankung des Kaisers Bulletins angeschlagen wurden, die Stiffts Unterschrift trugen, wurde von unbekannter Hand daneben geschrieben: *„Siehe Technologisches Lexikon, Stift.“* Schlug man dort nach, konnte man lesen: *„Stift ist ein Nagel ohne Kopf.“*

WIE SOLL ES WEITERGEHEN?

George Bernard Shaw hat einmal gesagt: *„Die Medizin ist eine Kunst, keine Wissenschaft.“*
Dieser Ausspruch muß modifiziert werden.
Die *Medizin* ist eine Wissenschaft, keine Kunst.
Die *Heilkunde* ist eine Kunst, keine Wissenschaft.

Sollte ich es mir aussuchen dürfen, so möchte ich als persönlichen Arzt einen Beherrscher der Kunst.
Es besteht die Gefahr, daß die Medizin zu einer rein technisch-apparativen Disziplin wird, wenn unsere jungen Kollegen die Blutabnahme für die Laboruntersuchungen bereits durchführen, ohne dem Patienten vorher richtig ins Gesicht gesehen zu haben, und weiter glauben, ihn nur in eine Röhre stecken zu müssen, damit am anderen Ende die Diagnose herauskommt. Wenn sich der Arzt vom Kranken als Mitmenschen abwendet, darf er sich nicht wundern, wenn sich der Patient anderen „Heilern" zuwendet.
Ich wünsche mir eine humanitäre Medizin, die den gesunden Menschen aufmerksam beobachtet, den kranken Menschen verständnisvoll betreut und den sterbenden Menschen nicht allein läßt. Wen ich mir persönlich als behandelnden Arzt wünsche, wenn es einmal ernst wird? Sollte er mein Schüler gewesen sein, so hoffe ich, daß er mich in guter Erinnerung hat. Sollte er sämtliche Apparaturen und Analysen perfekt beherrschen und daran glauben, möge er mir aus dem Weg gehen. Sollte es ein erfahrener Arzt sein, der sehen, denken und fühlen kann, so bitte ich ihn zu bleiben.

Praktische Medizin ist praktizierte Mitmenschlichkeit.

Was die Forschung betrifft, so kann das Niveau nicht erzwungen werden. Es lassen sich lediglich bessere Bedingungen schaffen. Von außen durch materielle Förderungen, von innen durch die Auswahl der Berufenen ausschließlich nach Leistung, nicht nach Intervention, Protektion und Cliquenbildung.

Hirnschmalz sollte honoriert werden!

Die Universitätskliniken brauchen attraktive Positionen für behandelnde Ärzte; dies muß aber auch wirtschaftlich akzeptabel sein. Nur so wird verhindert, daß die Universitätstätigkeit zum Nebenberuf und die Praxis oder das Privatlaboratorium zum Haupterwerb wird. Im Schlagschatten der Universitätskliniken findet man des öfteren die *„goldene Meile“*, wo z. B. Hormonelixiere für die ewige Jugend ausgeschenkt werden, Lifting und Correcting von Körper und Gesicht angeboten wird, Sexualberatungen mit Erfolgsgarantie beworben werden und den Privatpatienten überhaupt jeder Wunsch der Vor- und Nachbehandlung von den Augen abgelesen wird.

Kann jemand Universitätsprofessor werden, ohne sich anzustrengen?
Wo? In Berlin. Wann? Ende des 19. Jahrhunderts.
Der Pathologe Rudolf Virchow war gefürchtet wegen seiner scharfen Zunge. Bei einer Diskussion über die Vererbung von Berufsbegabungen sagte er einmal zu seinen Kollegen:
„Meine Herren, wir brauchen zum Beweis einer Berufsbegabung gar nicht weit zu gehen. Wir sehen es zum Beispiel beim Betrachten der Lehrkörper unserer Universitäten immer wieder, daß sich die Fähigkeit, eine ordentliche Professur zu bekleiden, nicht nur vom Vater auf den Sohn, sondern sogar vom Vater auf den Schwiegersohn vererbt.“
Konnte so etwas wirklich nur in Berlin und in der Vergangenheit geschehen?

Zudem wäre alles ganz einfach, würden Politiker die Gabe besitzen, auch manchmal einzugestehen, daß sie Fehler gemacht haben. Der Bürokratismus ist die Geißel der Universitätsmedizin geworden, da höchst qualifizierte Hochschulprofessoren zu end- und sinnlosen Sitzungen verpflichtet werden, wo schließlich jene das Sagen haben, die nicht forschen, nicht lehren und auch nicht heilen, sondern nur darüber reden.

Politiker sollten weise werden, hat schon Platon gesagt. Ärzte sollen Philosophen werden, d. h. ihre Kunst und Wissenschaft lieben.
Da die Politiker leidenschaftlich gerne das Geld von uns anderen einsparen, sollten sie bedenken: *„Je weniger ein Arzt weiß, desto teurer ist die Medizin, die er macht."*[2]

Die großen Entdeckungen der Wiener Medizin liegen schon sehr weit zurück.
Leopold Auenbrugger (1722–1809) entdeckte die Perkussion. Diese Methode eines Beklopfens des Brustkorbes stellte die klinischen Diagnosemöglichkeiten auf eine völlig neue Grundlage. Als Sohn eines Wirtes hatte er schon frühzeitig erkannt, daß gefüllte Fässer beim Beklopfen anders klingen als leere. Außerdem verfügte er über ein feines Gehör, war sehr musikalisch und hatte sogar den Text zu einer komischen Oper von Antonio Salieri geschrieben. Als er 1760 seine *„Neue Erfindung, um durch Beklopfen des menschlichen Brustkorbes Zeichen zur Erkennung verborgener Krankheiten der Brusthöhle zu gewinnen"* veröffentlichte, schrieb er im Vorwort: *„Weder Sucht zu schriftstellern, noch übermäßiger Spekulationstrieb, sondern einfache siebenjährige Beobachtung bestimmte mich, das in bezug auf diesen Gegenstand entdeckte zu regeln, zu ordnen und herauszugeben. Wohl habe ich vorausgesehen, daß ich mit der Veröffentlichung meiner Erfindung auf nichts weniger als unbedeutende Klippen stoßen werde. Denn nie hat es noch Männern, die in Wissenschaft und Kunst durch ihre Erfindung neues Licht oder Vervollkommnung brachten, an dem Gefolge des düsteren Genossen des Neides, der Mißgunst, des Hasses, der hämischen Verkleinerung, ja selbst der Verleumdung gefehlt."*
Das waren prophetische Worte. Als ein Kollege Auenbruggers erstmals von der Möglichkeit hörte, durch Abhorchen des

2 *„Frankfurter Allgemeine Zeitung"*, 15. März 1996.

Brustkorbes Krankheiten entdecken zu können, rief er indigniert aus: *„Was soll dieser Unsinn? Seit wann macht eine Lungenentzündung Musik?"*

Karl Landsteiner (1868–1943) entdeckte im Jahre 1900 die Blutgruppen und schuf die Möglichkeit von Bluttransfusionen. 1930 wurde er als einziger österreichischer Pathologe mit dem Nobelpreis ausgezeichnet. Was sich vor dieser medizinischen Großtat abspielte, schildert folgende Anekdote.
Richard von Volkmann (1830–1898), Chirurg in Halle, sprach in einer Vorlesung über die Transfusion. Es war damals gerade der Vorschlag gemacht worden, einem Menschen, der großen Blutverlust erlitten hatte, dadurch zu helfen, daß man Blut direkt aus der Ader eines Lammes in seine Adern hineinleitete. Die Ärzte erkannten bald, daß dieses scheinbar so einfache Verfahren sehr gefährlich war.
Volkmann war einer der ersten, der sich energisch mit folgenden Worten dagegen aussprach: *„Zu dieser Transfusion gehören drei Schafe. Das eine, von dem das Blut genommen wird, das zweite, in das es geleitet wird, und das dritte, das diese ganze Transfusion ausführt."*

DER MEDIZINSTUDENT

Dem Anatomen und Begründer der modernen Wiener Sozial- und Gesundheitspolitik, Julius Tandler (1869–1936), ist vor vielen Jahrzehnten bereits aufgefallen:

> *„Unsere Studenten lernen zuviel und wissen zuwenig, unsere Ärzte wissen zuviel und können zuwenig."*

Es sollte auch erkannt werden, daß die Studenten in ihrer beruflichen Ausbildung vieles lernen müssen, von dem von vornherein klar ist, daß sie es später im Beruf nicht anwenden können.

Es genügt nicht, bloß Kenntnisse zu lehren, es muß auch gelehrt werden, die Kenntnisse zu gebrauchen. Oft wird nichts vom althergebrachten Wissensstoff aufgegeben und zusätzlich das Neueste verlangt, obwohl doch bekannt sein müßte, daß nicht beliebig viel in die Gehirne junger Menschen gestopft werden kann und die Halbwertszeit „medizinisch-wissenschaftlicher Forschungsergebnisse" bei drei bis vier Jahren liegt. Das bedeutet schlicht, nach vier Jahren ist nur noch die Hälfte der fortschrittlichen Forschung tatsächlich wahr geblieben.

Der Mangel an persönlicher Beziehung im Universitäts„betrieb" hat zum Verlust eines entscheidenden Bildungsfaktors geführt: *zum Verlust des individuellen Vorbildes.* Jeder Lernende hat den berechtigten Anspruch darauf, seinen Lehrmeister persönlich zu kennen. *Menschen sollen die Lehre vertreten, nicht bloß Fakten.*

Medizinstudenten sind im allgemeinen nicht dumm, vor allem lassen sie sich nicht für blöd verkaufen. Die Folge davon ist, die Hörsäle sind nur sehr mäßig besucht.

Was ist der Unterschied zwischen einem Philosophiestudenten und einem Medizinstudenten?
Man gebe beiden ein Telefonbuch.
Der Philosophiestudent wird fragen:
„Warum gibst du mir das?"
Der Medizinstudent fragt:
„Bis wann muß ich das auswendig lernen?"

STUDIEREN IST SCHÖN, GEPRÜFT WERDEN WENIGER

Wie bei sehr vielen akademischen Prüfungen, die mit einer praktischen Tätigkeit verbunden sind – sei es am Patienten, sei es an einer Leiche –, war es auch in der pathologischen Anatomie üblich, sich vom Seziersaallaboranten die *„Diagnose"* zu erkaufen.

Zu meiner Zeit (1963) war der Tarif 50 Schilling. Dafür bekam ich die Auskunft, die Leiche des 24jährigen Mannes, an welchem ich ein Organ zu sezieren hatte, lief unter der Diagnose *„angioretikuläres Sarkom der Lunge"*. Diesen Terminus hörte ich fünf Minuten vor Beginn des Rigorosums zum ersten Mal. Mein Herz war in der Hose, letztere feucht. Es wurde mir von Professor Hermann Chiari die Niere zur Sektion zugewiesen. Technisch kein Problem, aber jetzt hatte ich das Organ in der Hand und fand nichts Pathologisches.

Warum auch? Der obduzierte Patient war an einem Lungentumor gestorben, die anderen Organe waren normal. Chiari zeigte sich unruhig, ich verzweifelt. Es ist ja eine riesengroße

Gemeinheit, bei einer Prüfung über pathologische Anatomie ein gesundes Organ beurteilen zu müssen.
Durch diverse Stottereien kam ich über die Runden. Jahre später, als ich selbst der Prüfer war, gestaltete ich solche Situationen dementsprechend milde.
Von entscheidender Wichtigkeit war, daß wir auch in verschiedenen anderen Prüfungen die jeweiligen Krankheiten der Patienten (wiederum gegen ein Trinkgeld) erfahren konnten. Sonst wäre manches beinahe schiefgegangen!
In Kinderheilkunde waren wir fünf Kandidaten und standen daher fünf kranken, gleich aussehenden Kleinkindern mit verschiedenen Diagnosen gegenüber. Ich hatte richtig geraten, und die Sache war erledigt.
Dazu kam, daß man mit guten Kenntnissen der pathologischen Anatomie auch in den klinischen Fächern Antworten geben konnte. Innere Medizin und Chirurgie waren kein Problem, mein Abschneiden vielmehr sensationell. Der Internist Hans Jesserer hat, als er merkte, daß ich nicht blöd war, sondern nur mangelhaft vorbereitet, während der Prüfung eine Privatvorlesung gehalten; der Chirurg Paul Fuchsig bot mit sogar spontan eine Stelle an.
Das Rigorosum in Augenheilkunde verlief überhaupt wie ein Scherz. Professor Böck stellte mir nur eine Frage: *„Definieren Sie mir die Blindheit?"* Nach meiner Antwort erklärte er knapp: *„Dieser Blödsinn steht auch in den gesetzlichen Vorschriften, daher haben Sie die Prüfung bestanden."*
Das letzte Rigorosum mußte ich wiederholen. Beim ersten Anlauf im Fach Haut- und Geschlechtskrankheiten sind alle Kandidaten durchgefallen. Der Prüfer hatte anscheinend nicht seinen besten Tag. Im zweiten Anlauf ging alles prächtig, und damit war die studentische Ochsentour erledigt. Bei der Promotion ist bekanntlich noch nie jemand durchgefallen.
Wir wußten, daß wir noch lange keine Ärzte waren, und die anderen wußten es auch. Von den Krankenschwestern lernten

wir, wie man Injektionen gibt und Blut abnimmt, von älteren Kollegen erfuhren wir, wie man sich dem Chef gegenüber wohlverhält. Und so wuchsen wir langsam in die medizinische Tätigkeit hinein.

TRAUER
Ein Student namens Jerusalem hatte trotz aller Anstrengungen das Rigorosum nicht bestanden. Joseph Hyrtl, der berühmte Anatom, verkündete das Ergebnis den vor dem Prüfungssaal wartenden Freunden und Glaubensbrüdern des Kandidaten mit den Worten: *„Trauert, ihr Söhne Zions, denn Jerusalem ist gefallen!"*

ZAHLREICHES PUBLIKUM
Gerichtsmedizin ist ein Fach, das wegen seiner interessanten, meist gruseligen Details auch auf viele Laien große Anziehungskraft ausübt. Dazu kam bei den Vorlesungen Albin Haberdas, des bedeutendsten österreichischen Gerichtsmediziners in der ersten Hälfte des 20. Jahrhunderts, daß es damals viele Beschäftigungslose gab, die nicht recht wußten, was sie mit ihrer Zeit anfangen sollten. Das führte dazu, daß Haberda einmal eine Vorlesung im übervollen Hörsaal mit den Worten begann: *„Ich begrüße die Herren Arbeitslosen, die Besucher der umliegenden Kaffeehäuser, die Studenten sämtlicher Fakultäten und selbstverständlich auch die Mediziner, die sich hier eingefunden haben."*

GERÄUSCHKULISSE
Der Wiener Pharmakologe Franz Theodor Brücke (1908–1970) war ein sehr trocken Vortragender, aber eine überragende Persönlichkeit. Dazu kam, daß seine Vorlesungen in den frühen Nachmittagsstunden stattfanden, zu einer Zeit, in der die Hö-

rer unter der üblichen Müdigkeit nach dem Mittagessen litten. Als Brücke wieder einmal vor seinen dahindösenden Studenten dozierte, entfuhr ihm etwas, was in der Fachsprache als *flatus* bezeichnet wird. Das weithin vernehmbare Geräusch weckte die Studenten auf, einige lachten unverhohlen, und als wieder Ruhe eingekehrt war, fuhr Brücke ungerührt fort: „*Meine Herren, was ich soeben in Ihren Augen an Achtung verloren habe, habe ich an Wohlbefinden gewonnen.*"

PRÜFUNGSANGST

Der langjährige Vorstand des Instituts für Pathologische Anatomie in Wien, Hermann Chiari (1897–1969), sagte einmal zu einem Studenten, der bei einem Rigorosum sehr aufgeregt war: „*Machen Sie sich nichts draus, ich habe früher nie begriffen, wie man bei einer Prüfung aufgeregt sein kann, bis ich kürzlich die Führerscheinprüfung machte. Jetzt weiß ich es.*"

SCHON BEKANNT

An der Berliner Universität lehrte der Pathologe Otto Lubarsch (1860–1933), der in jedem Semester seine Vorlesung mit der Feststellung einleitete: „*Meine Herren, ich heiße Lubarsch. Die dazu passenden Witze sind alle bereits gemacht worden. Ich danke Ihnen, meine Herren.*"

DAS ABSOLUTE GESCHAU

In der Welt der Musik gibt es herausragende Personen mit dem absoluten Gehör.
In der Welt der bildenden Künstler, Zeichner und Maler gibt es herausragende Personen mit dem absoluten Geschau. Beides erstaunt mich nicht, denn es sind ja Künstler am Werk.
Im Verein der pathologischen Anatomen gibt es nur mehr sehr selten Personen mit dem absoluten Geschau, d. h. dem begabten und geschulten Sehen und Erkennen.
Das wundert mich nicht, denn das Schauen, Denken und Erkennen im Seziersaal nimmt deshalb ab, weil immer weniger unserer jungen Kollegen die Obduktionsdiagnostik ausüben.
Auch auf der Ebene der mikroskopischen Untersuchungen wurde die Diagnostik des *„Anschauens und Wiedererkennens“* ersetzt durch eine Vielzahl von Spezialfärbungen und immunologischen Markierungen. Dazu braucht man allerdings kein absolutes Geschau mehr, denn die positiven und negativen Ergebnisse der Zellstrukturfärbungen sind dann lediglich rastermäßig auszuwerten.
Es ist mir völlig klar, daß die Differenzierung der Diagnostik einer Spezialisierung der Untersuchungsmethoden bedarf, nur sollte man es nicht übertreiben. Da die Sprache unserer Diagnostiker Englisch geworden ist, möge an ein über 80 Jahre altes Merkwort erinnert werden:

> Low magnification, high pathologist.
> High magnification, low pathologist.

In der ersten Hälfte des vorigen Jahrhunderts war der geschickteste und berühmteste praktisch tätige Arzt in Berlin Ernst Ludwig Heim. Zahllose Geschichten sind von ihm überliefert. Studenten wollten seinen Ruf als Diagnostiker auf die Probe stellen. Einer von ihnen legte sich ins Bett und heuchelte Krankheit. Der herbeigeholte Heim besah ihn kurz und sagte: *„Zunge heraus! Weiter! Noch weiter!“* Dann drehte er sich um und meinte: *„So, und jetzt kannst du mich mal!“*

KEIN MEISTER FÄLLT VOM HIMMEL

Mühsam muß die Heilkunst erlernt werden. Deshalb gibt es seit alters zwei Gruppen von Ärzten: diejenigen der Meister, die nach bestem Wissen und Können die Patienten sterben lassen, und die Schar der Schüler, die den Kranken durch Dummheit ins Jenseits verhelfen. Es gibt eine Unzahl von Geschichten, die sich zwischen Lehrern und Schülern, Professoren und Studenten der Medizin ereignet haben sollen.

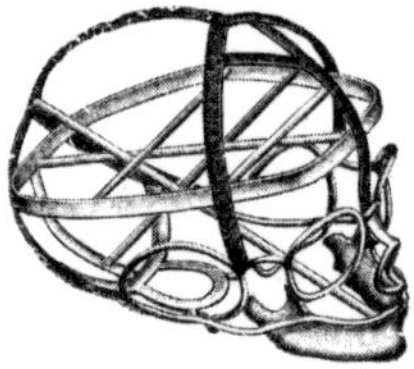

SELBST GESEHEN?

Der Wiener Pathologe Carl von Rokitansky ließ häufig die Studenten beim Rigorosum eine Viertelstunde lang ununterbrochen reden und sagte dann: *„Von dem, was Sie mir da erzählt haben, ist auch nicht ein einziges Wort wahr!“* Oder aber: *„Haben Sie das, was Sie da sagen, auch wirklich schon einmal gesehen? Wenn Sie es je noch einmal erblicken sollten, so seien Sie so freund-*

lich, es mir auch zu zeigen, denn ich habe so was in meinem ganzen Leben nie gesehen!"

WICHTIGES ORGAN

Der Anatom Joseph Hyrtl fragte einmal beim Rigorosum: „*Was wissen Sie von der Milz?*" Antwortete der Student: „*Herr Professor, ich habe es wirklich gewußt, aber wieder vergessen!*" – „*Unglücklicher, Sie sind der einzige Mensch auf der Welt, der es gewußt hat, und gerade Sie mußten es vergessen!*"

LEXIKALISCHES WISSEN

Rudolf Virchow ließ einen Kandidaten durchfallen, weil er nicht wußte, woher das Wort „*Serum*" stammt. Als auch sonst niemand die Antwort wußte, erklärte Virchow: „*Das kommt von serus, sera, serum – klar!*" Inzwischen konsultierte sein erster Assistent schnell das Lexikon und kehrte mit der erstaunlichen Nachricht zurück: „*Das ist falsch. Serum ist griechischen Ursprungs und kommt von to serron = die Blutflüssigkeit!*" Virchow mußte daraufhin sein Urteil revidieren.

KEIN TALENT

Einen Studenten, dem trotz längeren Bemühens die Beurteilung eines Präparates im Mikroskop nicht gelang, fuhr Virchow an: „*Menschenskind, da sehe ich ja durch ein Astloch mehr als Sie durch das teure Instrument!*"

TÖDLICHE DOSIS

Als ein anderer Kandidat auf die Frage, wieviel Morphium er bei einer Nierenkolik geben würde, zögernd antwortete: „*Etwa fünf Gramm!*", da konterte Virchow schnell: „*Und was machen Sie dann mit der Leiche?*"

LOGISCHE KONSEQUENZ

Ein anderes Mal näherte sich Virchow einem Prüfling, setzte

ihm die scharfe Spitze eines Bleistiftes auf die Brust und fragte: *„Wo komme ich hin, wenn ich da durchsteche?"* Darauf der Kandidat: *„Ins Gefängnis, Herr Professor!"*

DOKTOR AUS DEM NICHTS

Der französische Chirurg Joseph François Malgaigne stürzte einmal einen Prüfungskandidaten in totale Verwirrung. *„Endlich, endlich, mein Herr!"* schrie der ungeduldige Professor den Kandidaten an. *„Geben Sie mir endlich eine gute Antwort. Können Sie mir sagen, was man unter dem Begriff der Schöpfung, der Erschaffung versteht?" „Schaffen, schaffen"*, stotterte der verwirrte junge Mann, *„heißt aus nichts etwas machen." – „Nun gut, mein Herr, wir werden Sie zum Doktor erschaffen."*

GRÖSSENWACHSTUM

Bei der Prüfung fragt der Professor eine Studentin: *„Welches Organ kann unter gewissen Umständen bedeutend größer werden?"* Die Studentin schlägt die Augen nieder und murmelt: *„. . . aber, Herr Professor . . ."*
Der Professor gibt die Frage weiter, und der nächste Kandidat antwortet richtig: *„Die Pupille."*
Darauf nickt der Professor wohlwollend und sagt dann zur Studentin: *„Ich rate Ihnen, lieber nicht zu heiraten – Sie könnten sonst enttäuscht werden."*

ANFANGSSCHWIERIGKEITEN

Der Patient auf dem Operationstisch beobachtet mit wachsender Besorgnis die zahlreichen Vorbereitungen. *„Verzeihen Sie meine Aufregung!"* sagt er. *„Es ist meine erste Operation."* Der Arzt schlägt ihm freundschaftlich auf die Schulter: *„Meine auch."*

DIE FREUDE DES ASSISTENTEN

Der Professor, der Legende nach war es Ignaz Semmelweis,

schickte zu einer Hausgeburt einen jungen Assistenten. Derselbe erschien nach zwei Tagen ziemlich mitgenommen und berichtete seinem Chef über den nicht gerade erfreulichen Erfolg seiner Mission. Die Geburt habe sich stark verzögert, das Kind habe er zerstückeln müssen, die Mutter sei dabei verblutet, und der Ehemann habe sich aus Trauer darüber am Totenbette seiner Frau erschossen.
Als er einige Zeit später wiederum eine Geburt zu leiten hatte und in die Klinik zurückkehrte, antwortete er glückstrahlend seinem Chef, der ihn nach dem diesmaligen Erfolg ausfragte: *„Diesmal lebt der Vater."*

FEHLER DER BERÜHMTEN

August Bier, der berühmte Berliner Chirurg, kam noch rechtzeitig, um bei einem jungen Assistenten einen schweren Kunstfehler zu verhindern. Er brachte die Sache in Ordnung, und als die Mediziner danach wieder unter sich waren, hob er warnend den Zeigefinger: *„So etwas kann zwar jedem mal passieren, junger Freund. Aber merken Sie sich: Sie dürfen sich keine Dummheiten leisten, ehe Sie berühmt sind!"*

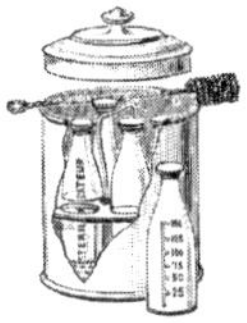

DER EID

Jeder Arzt schwört den „hippokratischen Eid" und verpflichtet sich damit, zum Wohle der Kranken zu handeln!
Das ist die allgemeine Überzeugung, welche vom sogenannten Mann auf der Straße über die Journalisten bis zu den Politikern reicht. Sogar manche Ärzte selbst glauben daran – doch das ist *falsch.*
Der Eid des Hippokrates ist ein Eid, den keiner schwört!
Kaum ein Arzt hat die Geschichte so nachhaltig geprägt wie Hippokrates, wenn auch vielleicht nicht alles stimmt, was ihm nachgesagt wird. Sein Leben ist geheimnisumwittert, ob er überhaupt Schriften verfaßt hat, bleibt ungewiß. Auf der Insel Kos um 460 v. Chr. geboren, gehörte er zur dortigen Ärzteschule. Er war bereits im Altertum eine Berühmtheit. Die Bedeutung der hippokratischen Lehre besteht in der Abkehr von der religiös-magischen Krankheitsdeutung hin zur naturwissenschaftlichen Beobachtung und Beschreibung von Krankheitssymptomen. Das therapeutische Hauptziel lag für Hippokrates deshalb in der Vorbeugung, während er im übrigen dazu riet, die „Heilkräfte der Natur" zu unterstützen.
Der hippokratische Eid ist als Inbegriff der ethischen Verpflichtung des abendländischen Arztes zu verstehen und zu bewerten. Es ist der bedeutendste Text der antiken Medizin, eine klassische Richtschnur ärztlichen Handelns, eine Berufung auf ihn hat jedoch nur ideellen Charakter. Letztendlich wissen wir nur, daß der Eid aus der Ärzteschule von Kos stammt, ob Hippokrates selbst überhaupt etwas damit zu tun hatte, ist unbekannt.

Einer alten Überlieferung zufolge wurde allgemein angenommen, daß der Schüler den Eid am Ende seiner Ausbildungszeit schwört und damit zum frischgebackenen Arzt wird. Das ist falsch. Der Eid war, wie wir heute ziemlich genau wissen, ein Lehrlingseid, d. h. ein Gelöbnis, um in die Schule und Familie des lehrenden Meisters aufgenommen zu werden. Er ist also ein Versprechenseid.

Bis zum Mittelalter gab es ja keine öffentlichen medizinischen Schulen, sondern einzig den individuellen Privatunterricht. Für diese privaten Ärzte bedeutete die „Kunst" zugleich ihr eigentliches Erbe und wurde als wertvollstes persönliches Vermögen vom Vater auf die Söhne und Schüler vererbt. Adoption als Schüler bedeutete Teilnahme an einem geistigen und handwerklichen Stammgut mit allen Schätzen und Geheimnissen. Die Aufnahme eines neuen Lehrlings war eine folgenschwere Handlung, die unbedingt rituell unter den Schutz der Götter gestellt werden mußte. Daher erfolgte die Eidesleistung mit Anrufung des Gottes Apollon, dem damaligen Schutzpatron der Ärzte.

DER EID DES HIPPOKRATES

1. Ich schwöre bei Apollon dem Arzt und Asklepios und Hygieia und Panakeia und allen Göttern und auch allen Göttinnen, sie zu Zeugen anrufend, daß ich nach meinem Vermögen und Urteil erfüllen werde diesen Eid und diesen (Lehr-)Vertrag.

2. Meinen künftigen Lehrer in dieser Kunst gleichzuachten meinen eigenen Eltern und das Leben mit ihm zu teilen und, falls er Not leidet, ihn mitzuversorgen und seine Nachkommen gleich meinen Brüdern in männlicher Linie zu halten und sie diese Kunst zu lehren, wenn sie diese erlernen wollen, ohne Entgelt und Vertrag mit Vorschriften und auch mündlichem Unterricht und dem

ganzen übrigen Lernstoff mitzuversorgen meine eigenen Söhne und die Söhne dessen, der mich unterrichten wird, wie auch Schüler, die den Vertrag unterzeichnet und auch den Eid geleistet haben nach ärztlichem Brauch, sonst aber niemand.

3. Die diätischen Maßnahmen werde ich treffen zum Nutzen der Leidenden nach meinem Vermögen und Urteil. Schädigung und Unrecht aber von ihnen abwehren.

4. Nie werde ich irgend jemandem, auch auf Verlangen nicht, ein tödliches Mittel verabreichen oder auch nur einen Rat dazu erteilen; ebenso werde ich keiner Frau ein keimvernichtendes Vaginalzäpfchen verabreichen.

5. Lauter und redlich werde ich bewahren mein Leben und meine Kunst.

6. Nie und nimmer werde ich bei (Blasen-)Steinkranken den Schnitt machen, sondern sie zu den werkenden Männern wegschieben, die mit diesem Geschäft vertraut sind.

7. In wie vielen Häusern ich auch einkehre, eintreten werde ich zum Nutzen der Leidenden, mich fernhalten von allem vorsätzlichen Unrecht sowie jeder sonstigen Unzüchtigkeit, zumal von Werken der Wollust, an den Leibern von Frauen und Männern, Freien und Sklaven.

8. Was immer ich bei der Behandlung (der Patienten) sehe oder höre oder auch außerhalb der Behandlung im Leben der Menschen, soweit man es nicht ausschwatzen darf, werde ich darüber schweigen, solches als heiliges Geheimnis achtend.

9. Wenn ich also diesen meinen Eid erfülle und nicht zunichte mache, so möge mir Erfolg im Leben und in der Kunst beschieden sein, gerühmt bei allen Menschen bis in ewige Zeiten; wenn ich ihn aber übertrete und meineidig werde, das Gegenteil von alledem.

Obiger Text des Eides ist die Übersetzung von Charles Lichtenthaeler[3], die derzeit originellste Interpretation.
Erst die öffentlichen Medizinschulen und später die Universitäten stellten die Ärzteausbildung auf eine ganz andere Grundlage. Um für die Nichtmediziner noch einmal klarzustellen: *Keiner von uns Ärzten hat den Eid des Hippokrates abgelegt, das ist seit mehr als 2000 Jahren nicht üblich.* Aber die Meinungsmacher der Gegenwart verkünden etwas, die öffentliche Meinung glaubt es, und das ist die Mehrheit. So weit, so schlecht.
Was aber schwören die Ärzte tatsächlich?
Geschworen wird gar nichts, es wird lediglich anläßlich der Promotion zum Doktor der Medizin eine Sponsionsformel gelobt. Dieses Gelöbnis beinhaltet,
der Universität ein treues Angedenken zu bewahren,
die verliehene Würde nicht durch Schande zu beflecken,
die erworbenen Kenntnisse durch eigenen Fleiß zu vermehren sowie
das Können zum Wohle der Menschen einzusetzen und mit der gleichen Menschlichkeit gegen alle auszuüben.
Die Antwort auf diese vorgelesene Sponsionsformel lautet: *„Ich gelobe und verspreche."* Von schwören ist also keine Rede und von Hippokrates schon gar nicht!

3 *Charles Lichtenthaeler:* Der Eid des Hippokrates. Deutscher Ärzte-Verlag, Köln 1984.

VOM BRENNEISEN DES HIPPOKRATES ZUR MODERNEN KREBSVORSORGE

Der Anfang unserer Kenntnisse über die bösartigen Tumorkrankheiten ist gekennzeichnet durch eine merkwürdige, bis heute nicht eindeutig geklärte Namensgebung. Hippokrates bezeichnete im 4. Jahrhundert v. Chr. eine Gruppe von krankhaften Veränderungen als *„karkinoma"*, d. h. Krebs. Darunter befanden sich neben offenkundig bösartigen Tumoren aber z. B. auch Beingeschwüre und Hämorrhoiden. Er machte dabei die Beobachtung, daß die Erkrankten länger leben, wenn sie nicht chirurgisch behandelt werden. Eine andere erstaunliche Theorie war: Wenn die Gebärmutter verschlossen ist, fließen die Monatsblutungen nicht ab, sondern werden zur Brust umgeleitet, wo sie als harte Tumoren erscheinen. Wir können daraus sicher nicht die erste Feststellung einer Hormonabhängigkeit des Brustkrebes herauslesen – aber die Idee ist interessant.
Aus dem *„karkinoma"* der Griechen wurde bei den Römern *„cancer"* und schließlich die Bezeichnung *„Karzinom"*. Daneben existierte auch das alte deutsche Wort *„Schanker"*, was soviel bedeutet wie *„Geschwür"*. Geschwür ist jedoch nicht gleich Geschwulst, sondern eher das Gegenteil: Geschwür bezeichnet einen Defekt, einen Gewebsverlust; Geschwulst ist eine Gewebswucherung und -vermehrung.
Von Krebsgeschwür zu sprechen ist daher rein sprachlich falsch. Dieses unsinnige Wort wird aber sowohl in den Medizinalbeilagen der Tagespresse wie auch im Gespräch der medizinischen Laien unverdrossen verwendet.

WARUM KREBS?

Worauf gründet sich eigentlich die Bezeichnung Krebs? Ein Tumor von unregelmäßiger Form und seine Ausläufer wie auch die darum herum gelegenen Blutgefäße sehen wie die gebogenen Beine eines Flußkrebses aus.
Frühzeitig wurde erkannt, daß diese Krankheiten zum Tode führen und sämtliche damaligen Therapieversuche erfolglos blieben. Über die Ursache der bösartigen Tumoren wurde nur spekuliert. Paracelsus lehrte im 16. Jahrhundert n. Chr., der Krebs werde von einem mineralischen Salz im Blut verursacht. Dieses sucht sich einen Weg durch den Körper und erzeugt dabei dort Tumoren, wo es nicht hinaus kann. Dr. Nicolaas Tulp, durch Rembrandts Anatomiegemälde aus dem Jahre 1632 unsterblich geworden, erklärte, daß Krebs ansteckend sei. Dem Engländer Percival Pott gebührt die Ehre, bereits im Jahre 1775 eine Wechselbeziehung zwischen Krebsentstehung und der Gefährdung durch Umweltrisiken festgestellt zu haben. Aufschlußreich für ihn war das Schicksal der jungen Schornsteinfeger in England, die ihre Arbeit von oben bis unten mit Ruß bedeckt verrichteten. Sie starben fünfzehn bis zwanzig Jahre später an Hautkrebs des Hodensackes oder der Leistengegend. Pott erkannte den Zusammenhang zwischen dem längeren Kontakt der Haut mit Rußteilchen und dem späteren Auftreten von Krebs an den schwer zu reinigenden Stellen. Dieser Schornsteinfegerkrebs ist die erste aufgedeckte Berufskrankheit und das erste Beispiel eines Krebsleidens, dessen Ursache eindeutig erkannt wurde.
Die Ursachenforschung ging aber auch Irrwege. Der dänische Arzt Johannes Fibiger hat bei Ratten durch Fütterung mit Schaben, welche selbst durch einen parasitären Wurm infiziert waren, Karzinome des Magens erzeugt. Er erhielt 1926 den Nobelpreis, weil es anscheinend gelungen war, durch ein „belebtes Agens" einen bösartigen Tumor zu erzeugen. Diese Deutung war selbst-

verständlich falsch, es handelte sich um einen chronischen Reiz der Magenschleimhaut durch das ungewohnte Futter.
Mit Fortschreiten unserer Kenntnisse wurde festgelegt, als *Krebs* = *Karzinom* nur bösartige Tumoren des Epithelgewebes zu bezeichnen, in den Weichteilen und Knochen aber von *Sarkomen* zu sprechen. Und den vielzitierten *„Blutkrebs"* gibt es im medizinischen Sprachgebrauch überhaupt nicht. Gemeint sind dabei meist eine Art der *Leukämie* oder Tumoren des lymphatischen Systems.
Eine krebsartige Tumorbildung ist nicht auf Menschen und Tiere beschränkt, wir kennen ebenso eine Reihe pflanzlicher Tumoren, wie etwa Kartoffelkrebs, Wurzelhalstumore und Obstbaumgeschwülste. Es gibt keine vergleichbare Krankheit, über welche die medizinische Forschung so viel an Information erlangt hat wie die bösartigen Tumoren. Der Krebs hat zwar sein Geheimnis noch nicht verraten, aber wir beginnen die Mechanismen zu verstehen. So hat die Ursachenforschung eine Vielzahl von auslösenden Substanzen wie auch Risikofaktoren erkannt und damit Aufklärung und Verhütung ermöglicht. Die medikamentöse Behandlung wird gezielt auf Tumorzellen gerichtet, die therapeutischen Erfolge sind bedeutend. Die Hoffnung, durch gentechnische Verfahren gegen die Krankheit vorgehen zu können, ist nicht unbegründet. Innerhalb der letzten zwanzig Jahre sind aus zahlreichen tödlichen Tumorkrankheiten behandelbare und heilbare Erkrankungen geworden.
Trotzdem ist die Häufigkeit bösartiger Tumoren viel zu hoch. Die Erkennung von Frühsymptomen und die Ausschaltung von eindeutigen Verursachern – Rauchen und übermäßiges Sonnenbaden – sind derzeit die dringendsten ärztlichen Anliegen und Aufgaben. Es erkranken nämlich derzeit in Österreich und Deutschland jährlich von 100.000 Einwohnern etwa 330 Männer und 360 Frauen an bösartigen Tumoren. Jeder fünfte Sterbefall ist ein Krebstodesfall, d. h., 20 Prozent der Menschen unserer Generation werden an Krebs sterben.

Die Ursache der Lebensbedrohung kann sehr unterschiedlich sein: Zerstörung lebenswichtiger Organe durch das Tumorgewebe, innere Blutungen, Infektionen, Überschwemmung des Körpers mit Tochtergeschwülsten (Metastasen) sowie Reduktion des Organismus auf das sprichwörtliche „nur mehr Haut und Knochen", d. h. sogenannte Tumorkachexie. Solche zum Tode führenden Veränderungen dauern Monate bis Jahre und werden meistens vom Patienten voll erfaßt, erlebt und erlitten. Dies ist ein mahnender Appell an das Gesundheitsbewußtsein von uns allen. Wir sollten uns nicht scheuen, mit den Methoden der Werbung Aufmerksamkeit zu erregen:

> Krebs ist heilbar, wenn man sich rechtzeitig darum kümmert, daß er erkannt wird, bevor es zu spät ist!

IM MITTELPUNKT STEHT DAS HERZ

Schon in frühester Zeit war das Herz für den gesunden und den kranken Menschen von besonderer Bedeutung. Da ja Gesundheit das *„Schweigen der Organe"* bedeutet, wir also nichts Übles spüren, wenn wir gesund sind, wird wie bei keinem anderen Körperteil schon das geringste Sichbemerkbarmachen des Herzens von jedem aufmerksam registriert. Vom aufgeregten Herzklopfen bis zum Vernichtungsschmerz eines Infarkts reichen diese Empfindungen. Aus diesem Grund steht das Herz ohne Zweifel im Mittelpunkt des persönlichen und ärztlichen Gesundheitsinteresses.

Erste schriftliche Aussagen über das Herz und seine Krankheiten lieferten die alten Ägypter, die entsprechenden Papyri wurden zwischen 1900 und 1250 v. Chr. niedergeschrieben. Die medizinischen Vorstellungen waren allerdings kurios, da trotz der jahrhundertelangen Tradition der Leichenbalsamierung bei den ägyptischen Ärzten nur sehr vage Vorstellungen über die Anatomie der inneren Organe bestanden.

Herz und Magen wurden quasi als Einheit betrachtet, deshalb ist folgende Beschreibung eines Herzinfarktes überliefert: *„Wenn du einen Kranken untersuchst, der am Magen leidet, der deswegen Schmerzen in dem Arme, in der Brust und auf einer Seite seines Magens empfindet, so handelt es sich um* [die Krankheit] *Uadj. Du wirst dem Patienten sagen: Irgend etwas ist durch deinen Mund in dich gedrungen; der Tod bedroht dich."* Eine Beschreibung und Prognose, deren Richtigkeit in Erstaunen setzt.

Der Blutkreislauf mit seiner wichtigen Funktion der Versorgung sämtlicher Organe war den Griechen und Römern wie

auch noch der mittelalterlichen Medizin unbekannt. So wurde beispielsweise postuliert, daß in den Arterien das gasförmige Lebensprinzip *„pneuma"* transportiert werde. Da angenommen wurde, die Lebenswärme gehe vom Herzen aus, mußte also das Herz selbst das heißeste Organ des Körpers sein. Und eine solche Sonderstellung des Herzens manifestierte sich in den verschiedensten Kulturkreisen auf die unterschiedlichste Art. Die Azteken schnitten bei ihren rituellen Menschenopfern das Herz aus den betäubten, aber noch lebenden Körpern, die Ägypter wiederum beließen als einziges Organ nur das Herz in den sonst ausgeräumten Leibeshöhlen der Mumien.
Das Herz wurde Sitz der Seele, Sitz des Gefühls, Sitz der Liebe; das Herz wurde in die Religion einbezogen – man denke nur an die Formulierung vom *„gläubigen Herzen"* sowie an die *„Herz-Jesu-Mystik"* des katholischen Glaubens.

FÜR DIE ERKENNTNIS GEBÜSST

Der Fortschritt ließ auf sich warten. Als der Spanier Miguel Servetus 1553 ein theologisch-physiologisches Buch *„Christianismi restitutio"* herausbrachte und darin einerseits die Vorstellung einer Dreifaltigkeit kritisierte, andererseits jedoch den Blutkreislauf durch die Lunge entdeckte, wurde er in Genf auf dem Scheiterhaufen verbrannt und mit ihm fast alle Exemplare seines epochalen Werkes. Erst das 17. Jahrhundert brachte die Entdeckung des Körperkreislaufes durch William Harvey.
Aber auch die moderne Zeit, in der medizinische Spitzenleistungen durch Herzschrittmacher, Herzkranzgefäßchirurgie, künstliche Herzklappen und Herztransplantationen fast alltäglich scheinen, führte uns eine jahrhundertealte Tradition der Behandlung des Herzens als besonderes Organ aktuell vor Augen. Einem in der Familie Habsburg-Lothringen überlieferten Ritus entsprechend, der die Trennung von Herz und Leichnam

vorsieht, wurde bei der 1989 verstorbenen Exkaiserin Zita anläßlich der Konservierung des Körpers das Herz entnommen, in einem Silbergefäß eingeschlossen und im Schweizer Benediktinerkloster Muri deponiert.
Damit schließt sich der Kreis: Das Herz genießt immer noch eine Sonderstellung. Es ist das unumstrittene Zentralorgan des menschlichen Körpers.

DIE TÄTOWIERTE KAISERIN

Unser Bild von Kaiser Franz Joseph und seiner Frau Elisabeth ist geprägt von Romy Schneider und Karlheinz Böhm sowie dem heute hierzulande noch weitverbreiteten Glauben an die gute alte Zeit.
Die Realität sah anders aus. Franz Joseph wurde erst Kaiser nach dem Abdanken seines Onkels, des geistesschwachen Epileptikers Ferdinand I., und dem Thronverzicht seines Vaters Erzherzog Franz Carl, der zum Herrschen schlicht zu einfältig war. Auch Franz Joseph selbst war nur von mittelmäßiger Begabung und orientierte sich zeitlebens an zwei Prinzipien – Kirche und Militär. Es ist höchst wahrscheinlich, daß er nach seiner Thronbesteigung außer Akten, Berichten und Memoranden sowie dem Militärschematismus und den Abschußlisten der Hofjagden kein einziges Buch zur Bildung oder Unterhaltung gelesen hat. Die Überzeugung von seiner Auserwähltheit *„von Gottes Gnaden“* führte zu menschlicher Isolierung. Und gerade dieser pedantisch-bürokratische erste Beamte und ranghöchste Soldat eines riesigen Kaiserreiches heiratete *„Sisi“*, eine psychisch schwer gestörte Person. Sie litt an krankhafter Magersucht und erreichte bei einer Körpergröße von 172 Zentimetern ein Höchstgewicht von 50 Kilogramm, meist sogar weniger. Der Personenkult, den sie um die Erhaltung ihrer Schönheit aufzog, war legendär, ihre Flucht aus den höfischen Verpflichtungen wurde zur Regel. Fasten, exzessiv turnen und reiten sowie möglichst weit weg von Wien zu reisen, das war ihr Lebensstil. Daß Elisabeth rauchte, war sicherlich eine Art Protest gegen das Hofzeremoniell, und die Hofschranzen zeigten

sich entsetzt über *„die Haltung der Kaiserin, welche während des Kutschierens rauche"*.

Aber da gab es noch etwas. Erst die Mediziner bekamen anläßlich der Totenbeschau und Leichenöffnung an Elisabeth etwas zu sehen, was der Kaiser und Ehemann offenbar gar nicht kannte: Die Kaiserin von Österreich und Königin von Ungarn war tätowiert. Sie trug auf der Haut ihrer linken Schulter einen Anker! Wahrscheinlich hatte sie sich 1888 in Korfu tätowieren lassen. Damals unterhielt ihr Mann – nach mehreren anderen – bereits ein inniges Verhältnis zur Schauspielerin Katharina Schratt. Es ist fast sicher, daß Franz Joseph den eintätowierten Anker nie gesehen hat. Das war gut so, denn vielleicht hätte ihn der Schlag getroffen.

DER MENSCH IST LEIDER KEIN HUND

Da der Mensch das einzige Lebewesen ist, welches nicht bloß stirbt, sondern auch weiß, daß es sterben wird, ist er in dieser Beziehung ein armer Hund.

„Ein Hund
der stirbt
und der weiß
daß er stirbt
wie ein Hund
und der sagen kann
daß er weiß
daß er stirbt
wie ein Hund
ist ein Mensch."
Erich Fried (1921–1988): „Warngedichte"

Allgemein erwünscht und angestrebt wird der gute Tod – d. h. *Euthanasie*[4] im klassischen Sinne der griechischen Wortbedeutung. Das gewollte Sterben als Märtyrer ist die extravagante Ausnahme.

4 Der Begriff Euthanasie stammt aus der Antike und bedeutet *„schöner Tod"*; gemeint ist damit ein leichtes und schmerzloses Sterben. Euthanasie bezog sich in der urspünglichen Bedeutung nie auf das Eingreifen eines Arztes oder eines anderen Menschen in den Sterbeverlauf.

WAS IST LEBEN? WAS IST STERBEN?

Der Tod ist eine dem Mineralreich völlig fremde Erscheinung – Gesteine hören auf zu sein, allein Pflanzen und Tiere sterben. Der Begriff *„tot sein"* setzt das Vorhandenbleiben der leblos gewordenen Substanz, der Leiche, voraus. Es gibt keine Leiche eines Gletschers oder Felsbrockens, aber es gibt die Leiche eines Baumes oder einer Blume. Vor allem aber gilt:

Alles Lebendige muß sterben.

Hierin besteht der klare Unterschied zwischen lebenden Organismen und unbelebter Materie, wo es ja im Grenzbereich fließende Übergänge geben soll.
Den Konfuzius (551–479 v. Chr.) fragte ein Schüler: *„Meister, was ist der Tod?"* – *„Wie soll ich dir das sagen?"* erwiderte der Weise. *„Ich weiß ja nicht einmal, was das Leben ist."*

Leben ist ausschließlich eine *Eigenschaft,*
deren Träger man Lebewesen nennt.
Leben heißt *Selbstreproduktion in Generationen*
und ist daher eine *zyklische Eigenschaft.*
Leben heißt *Selbstorganisation,*
also Ordnung in Struktur und Funktion.
Leben heißt Weitergabe d. h. *Vererbung*
einer *biologischen Gebrauchsanweisung.*
Leben heißt sinnvolle *Reaktion*
und nutzbringende *Kreativität.*
Leben ist kein Zustand, sondern ein *Vorgang,*
d. h. ein zeitlich ablaufendes Geschehen auf einen Endpunkt hin.

WIE KANN MAN DEN TOD AKZEPTIEREN?

Jeder Mensch stellt sich – irgendwann einmal – die Frage: *Warum muß ich sterben?* Denn der Tod ist bekanntlich das einzige, das mit absoluter Gewißheit eintritt. Mit der Unsterblichkeit kokettiert niemand, vielleicht mit Ausnahme einiger Sekten und Religionen, die ein Weiterleben von *Fragmenten des Lebewesens,* z. B. der *Seele,* prognostizieren. Da wird allerdings die Enttäuschung groß sein, doch wird es keiner mehr bemerken.

Das heißt: Laßt den Religionen ihren Platz für jene, die daran glauben. Sie können „seelischen" Frieden und psychische Beruhigung bringen, und das ist gut so. Aber missioniert nicht untereinander, denn eine alleinseligmachende Religion ist doch im Angesicht des Universums und seiner Milliarden erdähnlicher Sterne höchst unwahrscheinlich. Brave katholische Christen in den Himmel, böse in die Hölle, Protestanten mißtrauisch abgelehnt, Moslems und Juden ausgegrenzt, Hindus, Buddhisten, Schintoisten und anderen verständnislos gegenübergestanden – das kann doch nicht die letzte Weisheit der abendländischen Kultursphäre sein.

Wendet man sich der Biologie und Pathologie zu, gibt es eine akzeptable Auffassung, die auch zu verstehen ist. Der ungeheure Fortschritt in der Evolution der Arten muß erkauft werden. Der Preis ist kein geringerer als der Tod des Individuums, und zwar ein durch planmäßiges Altern erfolgtes „Ableben". Die Gesetze der Evolution sind grausam, aber nützlich. Ohne Evolution gäbe es die Menschen nicht und damit keinen von uns. Die Evolution erzeugt Arten und Individuen. Als Individuum sind wir die selbst betroffenen Lebewesen. Altern ist eine Grundeigenschaft jedes Lebewesens. Es ist keine Krankheit, sondern ein biologisch vorgeschriebener Weg, der ab der Geburt über Wachstum und Entwicklung zu Differenzierung und Reife führt. Gleichzeitig ist Altern eine Einschränkung der Anpassungsreserve und Reparaturkapazität. Der Prozeß unterliegt einer für jeden Menschen anders programmierten genetischen Steuerung, daher sind die Zeitspannen des individuellen Lebens verschieden.

Die entscheidende Frage lautet: *Warum sind zunehmende Differenzierung und Spezialisierung letztendlich tödlich?* Sobald das differenzierte Individuum seinen Beitrag zur Fortpflanzung und Fortentwicklung geleistet hat, ist ein weiteres Verbleiben nicht mehr von Vorteil und biologisch überflüssig. Somit gab es auch keinen Selektionsdruck, der auf eine Verlängerung der Fruchtbarkeitsperiode oder Erhöhung des Lebensalters abgezielt hätte. Differenzierte Lebewesen müssen sterben, denn nur durch ihren Tod schaffen sie Lebensraum für neue Generationen, was eine unabdingbare Voraussetzung für weitere Evolution und damit den Erwerb neuer Anpassung in einer sich verändernden Umwelt darstellt. Die Gebote der Evolution sind mit dem Traum von Unsterblichkeit nicht vereinbar! Lediglich einzellige, undifferenzierte Lebewesen besitzen eine potentielle Unsterblichkeit, da ihr Zellkörper durch Teilung immer wieder „vollständig" in den Tochterzellen aufgeht, so daß kein Leichnam zurückbleibt. Sterben ist nichts anderes als ein zwangsläufiger Generationswechsel, ein Auswechseln von *„alt"* gegen *„neu"* mit der biologischen Chance der Fortsetzung der Evolution. In uns lebt das genetische Material unserer Vorfahren, und in unseren Nachkommen wird unseres weiterleben, durch Mutation und Selektion vielleicht sogar verbessert. Vergleichen wir dies ruhig mit einem Stafettenlauf: die Fackel des Bios eine Strecke lang zu tragen und dann an einen neuen, frischen, noch erholten Läufer weiterzugeben. Das ist unsere biologische Aufgabe.

Betrügt man jemand anderen, so ist das strafbar.
Betrügt man sich selbst, ist das nutzlos und dumm.
Die Tabuisierung des Todes ist Selbstbetrug,
denn jeder kommt dran.

WAS IST EIN LEICHNAM?

Die häufigste Definition lautet: Ein Leichnam ist der Körper eines Verstorbenen, der noch die menschliche Gestalt erkennen läßt. Der Begriff der Leiche ist somit nach dem äußeren Erscheinungsbild zu beurteilen. Wenn Kopf und Rumpf vorhanden sind, ist jedenfalls von einem Leichnam zu sprechen; isolierte, abgetrennte Extremitäten sind Leichenteile, der Rumpf allein heißt Torso.

Die sprachgeschichtliche Herleitung ist interessant.

Leiche (gotisch *„leik"*, mittelhochdeutsch *„lich"*) bedeutete immer Fleisch, Körper.

Leichnam (mittelhochdeutsch *„licham"*) ist aus der Zusammensetzung von *„lich"* und *„hamo"* (Kleid, Hülle) entstanden. Leichnam ist also die Fleischhülle bzw. Leibeshülle.

Wesentlich und erstaunlich ist, daß das Wort Leichnam ursprünglich den lebenden Menschenleib bezeichnete. Der Übergang setzte ein mit der sprachlichen Formel toter Leichnam, woraus letztendlich die Bedeutung toter Menschenleib entstand.

Die Bedeutung des Fronleichnamsfestes wird damit auch sprachlich klar: Abgeleitet von *„fron"* (Herr) und *„leichnam"* (Leib), ist dies in der katholischen Kirche das Fest zur Feier der Gegenwart des Leibes Christi im Altarsakrament. Die Hostie wird als der *Leib des Herrn,* also *Fronleichnam* verehrt.

Bei den lateinisch schreibenden Schriftstellern gab es bis in das Mittelalter noch die Bezeichnung *„cadaver"* (Leiche). Dieser Begriff kommt von *„cado"* (fallen, verfallen, sterben) und *„corpus"* (Leib, Fleisch, Körper).

Eine Reihe von Handlungen und Delikten werden in bezug auf einen Leichnam juristisch bewertet, verfolgt und auch bestraft, z. B. Leichenöffnung, Leichenschändung, Störung der Totenruhe, Organentnahme aus Leichen und dergleichen mehr.
Wir sollten daher annehmen, daß das Objekt Leichnam juristisch eindeutig definiert ist. Doch dem ist ganz und gar nicht so. Die Judikatur hat sich noch zu keiner unbestritten-einheitlichen Auffassung durchgerungen.
Im Detail existieren erstaunlicherweise zwei völlig unterschiedliche Rechtsinterpretationen.
In der ersten heißt es, der Leichnam ist an das Vorhandensein fleischlicher Überreste gebunden. Knochen und Skelette sind kein Leichnam.
In der zweiten ist ein Leichnam der tote Körper ohne Rücksicht darauf, ob die körperliche Substanz, d. h. die Weichteile, noch vorhanden sind oder nicht. Skelett, Skeletteile, ja sogar die Asche eines Verstorbenen fallen nach dieser Meinung auch unter den Rechtsbegriff Leiche.
Grundsätzlich unterscheidet das Gesetz zwischen Personen und Sachen[5]. Es steht außer Zweifel, daß der menschliche Leichnam keine Person im Rechtssinn darstellt, denn die Personeneigenschaften als Träger von Rechten und Pflichten enden mit dem Tod des Menschen. Mit dieser Feststellung endet aber auch die Einhelligkeit der Rechtslehre. Drei wesentliche Ansichten werden von den Juristen in Deutschland und Österreich kontroversiell diskutiert:

5 Daher ist z. B. ein Haustier und somit auch mein Hund eine Sache. Allerdings würde jeder Jurist sofort bemerken, daß es sich um eine höchst biologisch-aktive Sache handelt, wenn er gebissen wird. Eine Sache, die mit ihren Zähnen zubeißt und sich ernährt und vermehrt, entbehrt nicht einer gewissen Skurrilität. Hoffentlich gestehen die Juristen wenigstens zu, daß es sich um eine lebende Sache handelt!

1. der Leichnam ist eine Sache,
2. der Leichnam ist keine Sache,
3. die Rechtsnatur einer Leiche ist strittig.

Daraus wird ersichtlich, daß wir uns in einer juristischen Grauzone bewegen und somit einem Rechtsstreit jederzeit Tür und Tor geöffnet ist. Da man nie weiß, wie ein Rechtsverfahren ausgeht, ist allergrößte Vorsicht geboten.

Am häufigsten und stichhaltigsten wird folgende Meinung vertreten, an die man sich als Faustregel auch halten kann. *Der menschliche Leichnam ist als Sache einzuordnen, an der zwar keine Vermögensrechte, wohl aber eingeschränkte Verfügungsrechte bestehen.* Das führt pfeilgerade zur nächsten Frage.

WEM GEHÖRT DER LEICHNAM?

Ein Leichnam gehört nicht zum Vermögen des Verstorbenen, damit auch nicht in den Nachlaß, und kann daher nicht vererbt werden. Von manchen Juristen wird sogar dezidiert erklärt, der *Leichnam sei eine herrenlose Sache.*

Wer besitzt ein Verfügungsrecht über den menschlichen Leichnam?

1. *Staatlichen Institutionen* steht im öffentlichen Interesse Verfügungsrecht zu, z. B. der Gerichtsbehörde oder der Sanitätsbehörde.

2. *Öffentlichen Krankenanstalten und klinischen Instituten,* in deren Gewahrsam sich die Leiche nach dem Tod des Patienten befindet, steht (in Österreich) grundsätzlich ein Verfügungsrecht über die Entnahme einzelner Organe oder Gewebeteile zu. Dies beschränkt sich allerdings auf die Zwecke von Diagnostik, Unterricht und Transplantation unter der Voraussetzung, daß zu Lebzeiten keine Einspruchserklärung abgegeben wurde.

3. Verfügungsberechtigt sind selbstverständlich *die nächsten Angehörigen* des Verstorbenen bzw. Personen, mit denen er am

engsten verbunden war und die daher auch die Bestattung ausrichten.
Der Rechtsverkehr mit menschlichen Leichen ist allerdings auf die Handlungen der Totenfürsorge eingeschränkt. Verkauf oder Schenkung einer Leiche sind sittenwidrig und nicht erlaubt.
4. Absolute Priorität besitzen *Entscheidungen, welche der Verstorbene zu Lebzeiten getroffen hat.*
5. Erben stehen zum Verstorbenen nur in vermögensrechtlicher Beziehung und haben kein Verfügungsrecht.

KAFFEEPULVER

Kurz nach Ende des Zweiten Weltkrieges herrschte in Österreich bittere Not. Nahrungsmittel waren Mangel, Genußmittel entweder gar nicht zu bekommen oder unerschwinglich. Daher war jede Hilfssendung aus dem Ausland willkommen.
Besonders geschätzt waren Lebensmittel, aber auch Kleidungssendungen von Verwandten aus der Schweiz.
In einem der vielen Pakete, die nach Österreich kamen, befand sich neben exotischen Dingen wie Schokolade und Zucker auch eine schlichte Dose mit der Aufschrift „Kaffee", gefüllt mit graubräunlichem Pulver. Das vermeintliche Kaffeepulver wurde dementsprechend zubereitet.
Einige Wochen später traf ein Brief ein, der letzte Absatz hieß: *„Hoffentlich ist auch die Asche unseres verstorbenen Großvaters bei Euch eingelangt. Wir haben sie der Einfachheit halber in das Nahrungspaket getan, um die umständlichen Behördenwege zu umgehen. Großvaters letzter Wunsch war, im Wiener Urnenfriedhof beigesetzt zu werden."*
Friede seiner Asche!

MÖGLICHST SPÄT SICH KRÜMMEN, ODER: WORAN WIR LEIDEN

Gesundheit und Krankheit sind zwei gegensätzliche Erscheinungsformen des Lebens mit fließenden Übergängen von einer zur anderen.

Woher kommt das Wort *„krank"*?

„Krank" bedeutet wortgeschichtlich in der deutschen Sprache *„dünn, schwach"*. Im Althochdeutschen lautete es *„chranh"* = *„gekrümmt, gebrechlich"*. Es scheint, daß *„krümmen"* der ursprüngliche Begriff ist. Was sich krümmt, ist schwach und krank.

Erst in der Krankheit wird man sich der verlorenen Organgesundheit bewußt, bei schwerer Krankheit kommt das Moment der Lebensbedrohung hinzu. Der Krankheitsbegriff ist also an den der Gesundheit gekoppelt. Der Laie und der Patient sehen die Gesundheit meist aus dem Blickwinkel ihrer Krankheiten. Der Arzt dagegen muß die Krankheit vom Aspekt der Gesundheit aus beurteilen. Er muß zuerst das Normale, die Gesundheit erkennen lernen, um von ihr aus Grad und Ausmaß der Krankheit zu erfassen.

> *„Gesundheit ist nicht nur das Freisein von Krankheiten, sondern der Zustand des vollkommenen körperlichen, geistigen und sozialen Wohlbefindens."*
> Definition der World Health Organization WHO

Zu dieser offiziellen Definition der Gesundheit muß kritisch eingewendet werden, daß es einen Zustand des vollkommenen

Wohlbefindens (auf Erden) dauerhaft nicht geben kann, da *„Befinden"* eine subjektive und wandelbare Empfindung ist. Überdies sind in einem allgemeinen Begriff *„Wohlbefinden"* auch zwar subjektiv wohlempfundene, objektiv aber eindeutig krankhafte Zustände enthalten (z. B. Alkoholkonsum sowie Drogenmißbrauch). Wer sich subjektiv (noch) gesund fühlt, kann objektiv (schon) schwer erkrankt sein.

Die Frage, ob es Krankheiten auch im anorganisch-unbelebten Bereich geben kann, ist nicht einfach zu beantworten. Alterungsvorgänge gibt es ohne Zweifel: Uran altert in Jahrtausenden, am Ende steht Blei. Alterung von Zement, Stahlträgern, Maschinenteilen und dergleichen mit Veränderungen des Physikochemismus und Auftreten von „Ermüdungsbrüchen" ist bekannt.

Zinn als Hauptbestandteil von Orgelpfeifen, Särgen, Reliefs und anderen Gegenständen wandelt sich unterhalb einer Temperatur von plus 13 Grad Celsius in ein schwarzgraues Pulver um und zerstört die betreffenden Gegenstände. Das ist die sogenannte „Zinnpest".

Ob solche Vorgänge als *Krankheiten im anorganischen Bereich* aufzufassen sind, ist keineswegs anerkannt.

Die *Häufigkeit bestimmter Krankheiten* bleibt, bedingt durch Änderung der Umweltbedingungen, Lebensweise, medizinische Maßnahmen und Schutzimpfungen bei Infektionskrankheiten, nicht immer gleich.

Kinderlähmung ist extrem selten geworden, Diphtherieerkrankungen sind derzeit in Mitteleuropa eine Rarität, die Pocken gelten seit 20 Jahren als ausgestorben. Durch viele Jahrzehnte gleichgeblieben sind die Scharlacherkrankungen. Die Erkrankungshäufigkeit der Tuberkulose wechselt stark, im allgemeinen wird jedoch ein Sinken des Vorkommens registriert. Stark im Zunehmen begriffen sind hingegen die Geschlechtskrankheiten und die Haltungsschäden des Bewegungsapparates.

PROBLEME DER TODESURSACHENSTATISTIK

Ein Überblick der Todesursachen in der Gesamtbevölkerung, erhoben durch statistische Zentralämter, ist von höchst beschränktem Wert. Betrachtet man etwa die nichtobduzierten Todesfälle, so sind lediglich 40 bis 60 Prozent der Diagnosen auf dem Totenschein korrekt. Es gibt kaum eine Urkunde, die auf so unsicherer Grundlage steht wie die Angaben der Totenbeschauscheine.

Ein amerikanischer Vorschlag, der Ironie mit bitterer Erkenntnis vermischte, hat gelautet: Man müßte gelegentlich ehrlicherweise hinschreiben „nGw“ – nur Gott weiß.

Eine weitere Stellungnahme der Pathologen aus den USA: „Todesursachenstatistiken sind nicht einmal das Papier wert, auf dem sie geschrieben sind.“

Die häufigsten Todesursachen sind:

1. *Krankheiten des Herz-Kreislauf-Systems* (jeder zweite Sterbefall, etwa 50 Prozent)
2. *bösartige Tumoren* (jeder fünfte Sterbefall, 20 Prozent)
3. *Verletzungen und Vergiftungen* (jeder 14. Sterbefall, 7 Prozent)
4. *Krankheiten der Atmungsorgane* (6 Prozent)
5. *Infektionskrankheiten* (1 Prozent)
6. *übrige Erkrankungen* (13 Prozent)

Unter der *mittleren Lebenserwartung* versteht man jene Zeitspanne, nach der 50 Prozent der Menschen gestorben sind. Dies entspricht dem statistisch durchschnittlich erreichten Alter. Zum Vergleich:

Österreich: Männer 72,5 Jahre, Frauen 79 Jahre
Japan: Männer 75,9 Jahre, Frauen 81,8 Jahre
Indien: Männer 54,0 Jahre, Frauen 54,7 Jahre

DER TOD MACHT NEUGIERIG

Unvergeßlich bleibt mir ein Satz meines verehrten Lehrers Kucsko: *„Zu welchem Zeitpunkt und woran ich einmal sterben werde, möchte ich jetzt noch gar nicht wissen, aber nachher den Obduktionsbefund zu lesen, das wäre interessant!"*

Es ist kaum zu glauben, aber die moderne Medizin unterscheidet zwei Varianten des Todes!
Klinischer (relativer) Tod: Atem- und Kreislaufstillstand, die Funktionsfähigkeit des Zentralnervensystems ist noch erhalten. Dieses Stadium ist durch Reanimationsmaßnahmen reversibel: Der „klinisch tote" Mensch kann wieder ins volle Leben zurückgeholt werden – daher ist die Bezeichnung *„Tod"* in diesem Zusammenhang falsch und irreführend.
Biologischer Tod (Gehirntod): Er tritt bei irreversibler Schädigung der Ganglienzellen des Gehirns ein. Die Konzeption des Hirntodes basiert auf der Vorstellung, daß als Träger der Persönlichkeit und individueller Merkmale nur das Gehirn angesehen werden kann. Dieser Ansicht hat man sich auch von juristischer Seite angeschlossen.
Der Hirntod ist der vollständige und unwiderrufliche Zusammenbruch der Gesamtfunktion des Gehirns bei noch aufrechterhaltener Kreislauffunktion im übrigen Körper. Das geschieht ausnahmslos bei Patienten, die wegen Fehlens der Spontanatmung künstlich beatmet werden müssen. Durch diese Beatmung und den funktionierenden Blutkreislauf sind die übrigen Körperorgane intakt und funktionsfähig.
Sind Hirntote Lebende ohne Hirnfunktionen oder Tote mit erhal-

tenen Körperfunktionen? Irgend etwas muß an dieser Fragestellung dran sein, denn sonst könnte eine hirntote schwangere Frau (wie es geschehen ist) ihre Gravidität nicht fortsetzten; zumindest die Plazenta muß noch funktionieren.

HIRNTOD IN ÖSTERREICH
AUSDRÜCKLICH NICHT VON THOMAS BERNHARD

Was ist passiert?
Ein Arzt wurde von einer Disziplinarkommission für schuldig erkannt, durch einen Leserbrief eine Beeinträchtigung des Ansehens der österreichischen Ärzteschaft herbeigeführt zu haben. Der entscheidende Teil des Leserbriefes, in dem es um Organtransplantation ging, lautete: *„Zum Zeitpunkt der Entnahme müssen die Organe warm und gut durchblutet sein, weil mit dem Eintritt des Todes ihr Zerfall beginnt. Für eine Transplantation wären sie dann wertlos. Die Organe müssen daher herausoperiert werden, wenn der ‚Spender' bzw. das ‚Opfer' noch am Leben ist."*
Die nächste Instanz, ein Disziplinarsenat beim Bundesministerium für Gesundheit, bestätigte das ursprüngliche Schulderkenntnis: *„Durch die nicht näher erläuterte Behauptung, daß Organe noch lebenden Menschen entnommen werden, hat Dr. J. L. das Ansehen der österreichischen Ärzteschaft in der Öffentlichkeit beeinträchtigt . . ."*
Dem Argument des Verurteilten, er sei Ganzheitsmediziner, für ihn gebe es daher keinen „Gehirntod", erwiderte der Berufungssenat, daß es dem Beschuldigten unbenommen bleibe, eine von der herrschenden Auffassung abweichende Meinung zu vertreten. Er dürfe aber dabei nicht unerwähnt lassen, daß er damit im Widerspruch zur allgemein anerkannten Lehre und gesetzlichen Situation in Österreich steht. Der beschuldigte Arzt erwecke beim durchschnittlichen Leser den Eindruck, daß Organentnahmen bei Menschen vorgenommen werden, die zur

Zeit der Entnahme noch leben. Diese Vorstellung sei für jedermann und insbesondere für allfällige Angehörige von Organspendern unerträglich und geeignet, die mit der Organentnahme befaßten Ärzte als gefühllos, unmenschlich und vor allem an Ruhm und Erfolg interessiert anzusehen. Demnach werde durch den Leserbrief das Ansehen der betroffenen Ärzteschaft der Öffentlichkeit gegenüber erheblich beeinträchtigt.
Der disziplinär verurteilte Arzt wandte sich daraufhin an den Verfassungsgerichtshof, welcher seiner Beschwerde stattgab und feststellte, ein Disziplinarvergehen mit Beeinträchtigung des Ansehens der österreichischen Ärzteschaft habe nicht stattgefunden.
Um nicht selbst demnächst vor dem Richter zu stehen, breche ich eine weitere Diskussion hier ab und stelle lediglich fest: Transplantationsärzte sind Spitzenmediziner, die selbstverständlich noch lebende, funktionsfähige Organe verpflanzen, die allerdings von einem toten Menschen stammen . . .

HILFE BEIM STERBEN

Wir leben in einer Zeit der Verdrängung und Tabuisierung des Sterbens und neigen zur Illusion eines unbegrenzten Fortschrittes der Medizin, ja sogar zur Utopie von der Machbarkeit aller Dinge (einschließlich der Beseitigung des Todes). Dennoch wurden in den letzten Jahren das Recht auf einen menschenwürdigen Tod und das Recht auf Hilfe beim Sterben immer häufiger diskutiert. Für den Arzt war das zunächst besonders schwer, denn er mußte die Grenzen der Medizin akzeptieren. Wir haben jedoch rasch erkannt, daß wir nicht das Recht haben, das Sterben zu verzögern, es wie im Zeitlupentempo ablaufen zu lassen und dadurch dem Patienten Qualen zu bereiten. Im Auftrag des Arztes steht an erster Stelle die Gewährung von Hilfe. Dazu gehört die Geburtshilfe, die Erste Hilfe bei Verletzungen und selbstverständlich auch die *„Letzte Hilfe"*. Die maßgebenden Richtlinien für das ärztliche Handeln lassen sich, unbeschadet der Einmischung von Theologie und Juristerei, in zwei Sätzen formulieren:

> Es ist Aufgabe des Arztes, das Leben zu verlängern,
> aber nicht das Sterben.
> Der Arzt soll nicht zum, sondern beim Sterben helfen.

Man vermeide das Wort *„Sterbehilfe"*, dieser Begriff weckt falsche Vorstellungen. Es geht um die *Betreuung* Sterbender. Sterben ist keine Krankheit, der Arzt kann hier nicht mehr heilen, sondern nur helfen, und dazu sollten wir uns verpflichten.

Warum gibt es Kurse über *„Erste Hilfe"*? Weil es sinnvoll ist.
Warum gibt es keine Lehrgänge zur *„Letzten Hilfe"*?
Die Betreuung der schwangeren Frauen und des sich entwikkelnden Kindes sind eine Selbstverständlichkeit geworden. Es entsteht laufend Leben, aber was ist zu tun, wenn Leben vergeht? Haben wir eine entsprechende Betreuung der Sterbenden? Zweifel sind angebracht! Der bohrende Pfeil, der unser Gehirn trifft, ist bekanntlich das Fernsehen. Dort erleben wir eine Welt der Schönen und Reichen, der Starken und Gesunden. Und wenn es dem Drehbuchautor gefällt, wird entweder erschossen oder gesprengt, die Guten leiden kurz, die Bösen etwas länger. Mehr wird nicht gezeigt, denn dann müßte man ja statt schauen auch denken.

Erstmals sah der englische Philosoph und Staatsmann Francis Bacon (1561–1626) die Schmerzlinderung bei Sterbenden als eine ärztliche Aufgabe an – *„Euthanasia medica"*. Aber mit diesem Wort Euthanasie beginnen die Schwierigkeiten. Kaum jemand denkt an die originale Bedeutung *„guter Tod"*. Die Mehrzahl wird – zu Recht – an die verbrecherische Organisierung der Massenvernichtung menschlichen Lebens zur Zeit des Nationalsozialismus erinnert. Hitler, Himmler, Eichmann und viele andere waren die Befehlshaber des Massenmordes, der zum Teil unter dem Decknamen Euthanasie verübt wurde. Mehr als 50 Jahre nach dem Ende der Gewaltherrschaft bemühen wir uns, den Begriff Euthanasie auf seine ursprüngliche Bedeutung zurückzuführen.
Denn:
Eine Minderheit fürchtet sich vor dem Tod und dem Totsein.
Die Mehrheit hat Angst vor qualvollem Sterben.
Um das zu ändern, müssen wir allerdings Gesetze ändern, und dies wird schwierig. Aber brauchen wir die Gesetze? Das Gewissen eines wahren Arztes, eines Kenners von Leben und Sterben, müßte genügen, um zu entscheiden, was zu tun ist.

Ich bekenne mich zu folgenden Grundsätzen:
Eine Verlängerung des zwangsläufig zu Ende gehenden Lebens durch ärztlich-maschinellen Einsatz ist sinnlos.
Es ist Aufgabe des Arztes zu erkennen, daß jemand stirbt.
Jeder Sterbende – mit Ausnahme eines Menschen, der hinterrücks in den Kopf geschossen wird – leidet zu lange.
Dem sterbenden Menschen muß ärztlich geholfen werden.
Die Medizin der Gegenwart hat genügend Möglichkeiten, Schmerzen zu stillen und Angst zu lindern: Warum setzt man dies nicht ausreichend ein?
Die hin und wieder aufflackernde Diskussion über Morphin, das zur Sucht führen kann, ist im Angesicht des Todes nicht mehr von Bedeutung.
Epikur, der Philosph des Diesseits, erklärte den Tod für nicht so wichtig: *„Denn solange wir existieren, ist der Tod nicht da, und wenn der Tod da ist, sind wir nicht mehr."*
Das mag für den Tod gelten.
Aber das Sterben ist völlig anders: lang dauernd oder plötzlich, erwartet oder unerwartet, schmerzhaft oder nicht. Vor allem die Art des Sterbens ist ungerecht, weil willkürlich. Es ist schwer bis unmöglich, an ein steuerndes, eingreifendes, höheres Wesen zu glauben, wenn man mit anschauen muß, wie unterschiedlich die Menschen sterben. Der größte Gauner, ja Verbrecher kann einen leichten Tod haben, der Menschenfreund dagegen muß unsäglich leiden, und der Gläubige stirbt verlassen, einsam und überdies qualvoll.
Wer immer es auch ist, der stirbt – Hilfe beim Sterben sollte zu den Pflichten der (noch) Lebenden gehören.
Kein Sterbender kann sich selbst helfen.
Die Frage, die uns alle beschäftigt, auch wenn wir sie lange von uns weisen, ist die nach unserer eigenen letzten Lebensstunde. Die Situation ist am treffendsten mit Worten Carl Spitzwegs, des Apothekers, Malers und Poeten, zu skizzieren:

„Oft denk' ich an den Tod, den herben,
Und wie am End' ich's ausmach'?!
Ganz sanft im Schlafe möcht' ich sterben –
Und tot sein, wenn ich aufwach'"!

Eine Diskussion über Hilfe beim Sterben wird derzeit leider zu keinem offiziell-akzeptablen Ergebnis führen. Die Einmischung der Religionsvertreter ist mangels Kompetenz unpassend. Die Wortmeldungen der Juristen sind überflüssig, denn wir sterben nicht nach den Vorschriften von Paragraphen. Den Politikern fehlt der Mut, als Volksvertreter für Humanität zu sorgen.

Eine Verbesserung der Lebensqualität ist wichtiger als die reine Lebensverlängerung. Hat das Leben keine Qualität mehr, so ist die verbleibende Quantität eine Qual. Und die Alternative *„Qualität oder Qual"* müßte doch zu bewältigen sein. Daß dies geht, hat uns der schwerkranke Sigmund Freud gezeigt, als er um Euthanasie bat.

DAS SCHÖNERE WORT

Die panische Angst und geistige Flucht vor dem Erinnertwerden an das Sterben hat in unserer Sprache zu einer Vielzahl von bildlichen Umschreibungen geführt. Der Tod wird nicht beim Namen genannt, sondern es werden Vergleiche herangezogen, die sich bewußt lebendig anhören. So hat sich, in Anlehnung an Berufe und Lebensweisen, eine bunte Vielfalt von Sterbensbezeichnungen eingebürgert.

Der *Gelehrte* gab den Geist auf, dem *Dichter* wurde die Feder aus der Hand genommen.

Der *Pfarrer* segnete das Zeitliche, der *Atheist* mußte daran glauben, der *Religiöse* hat seine Seele ausgehaucht.

Der *Koch* hat den Löffel weggelegt, dem *Glöckner* schlug das letzte Stündlein, des *Uhrmachers* Uhr ist abgelaufen.

Der *General* wurde zur großen Armee abberufen, der *Feldwebel* ist zum alten Haufen abgefahren, der *Infanterist* blieb auf dem Feld der Ehre.

Des *Kerzenmachers* Lebenslicht wurde ausgeblasen, der *Metzger* ging den Weg allen Fleisches, der *Bauer* sieht die Kartoffeln von unten an, der *Gärtner* hat ins Gras gebissen.

Der *Förster* hat den hölzernen Rock angezogen, der *Wilddieb* wurde zur Strecke gebracht, den *Vogelwart* holte der Geier.

Der *Jäger* ist in die ewigen Jagdgründe eingegangen, der *Kumpel* hat die letzte Schicht gefahren, der *Bauarbeiter* wurde zu Staub.

Der *Schauspieler* ist von der Bühne abgetreten, der *Sänger* bekam den eisernen Vorhang, das *leichte Mädchen* ging um die Ecke.

Der *Wucherer* mußte mit seinem Leben bezahlen, der *Eisenbah-*

ner liegt in den letzten Zügen, der *Lokheizer* tat den letzten Schnaufer.

Der *Flötist* pfiff aus dem letzten Loch, der *Fußballspieler* gab zum letzten Mal den Ball ab, der *Fotograf* verschwand von der Bildfläche.

Der *Optiker* schloß die Augen, dem *Narkosearzt* schwanden die Sinne, der *Maurer* kratzte ab.

Auf diese Weise weiß fast jeder von uns, welche Art des „Hinscheidens" ihm gemäß ist. Der Selbstbetrug geht also munter weiter, denn so einfach ist die Sache nicht, daß man feststellen könnte: *„Sage mir, wie du lebst und was du bist, und ich sage dir, wie du stirbst!"*

Das Leben jedes Menschen führt zwar zum gleichen Ende, aber die Einzelheiten, wie er gelebt hat und wie er gestorben ist, unterscheiden sich oft gewaltig.

> *„Man kann die Menschen in drei Klassen einteilen:*
> *solche, die sich zu Tode arbeiten,*
> *solche, die sich zu Tode sorgen,*
> *und solche, die sich zu Tode langweilen."*
> Winston Churchill

ÜBER DIE UNGERECHTIGKEIT IN DER HEILKUNDE

Wenn ich – der Autor dieses Büchleins – krank werde, dann weiß ich ziemlich genau, an wen ich mich zu wenden habe und vor allem, wen ich meiden muß. Außerdem werde ich als „medizinischer VIP“ in jedem Krankenhaus aufgenommen; letzteres schafft aber auch spielend jeder Politiker. Aber was geschieht mit den anderen – die sind ja die Mehrheit und hilflos.

Nach dem strategischen Plan unseres Gesundheitssystems hat man das nächstgelegene Krankenhaus aufzusuchen. Aber bis jemand dorthin kommt, ist es ein langer Weg. Denn zuallererst muß man zum richtigen praktischen Arzt gehen, der nicht alles selber machen will; man muß weiters eine Einweisung in das Krankenhaus bekommen und dort auch aufgenommen werden. Dann wird es schwierig. Denn es gibt Krankenhäuser verschiedenster Art, nicht nur gute und schlechte, sondern auch solche mit zwei oder sogar drei chirurgischen oder internen Abteilungen, welche allerdings jeweils spezialisiert sind. Gerät man in die falsche Abteilung, ist das mitunter fatal. Für die Pathologie gilt ähnliches. Wenn der falsche Spezialist ein Organpräparat zu beurteilen hat, so sagt er entweder etwas Unverbindlich-Nichtssagendes, etwas Falsches, oder er schickt das Präparat zum richtigen Spezialisten weiter, und für den Patienten vergeht inzwischen unverhältnismäßig lange Zeit bis zu einer Diagnose.

In George Orwells *„Farm der Tiere“* heißt es: *„Alle Tiere sind gleich. Aber manche Tiere sind gleicher als die anderen.“* Ich beobachte die Medizin und sehe mit Schrecken: *„Nicht alle Menschen sind gleich.“*

Der bedeutendste französische Chirurg des 18. Jahrhunderts, Moreau de Bar-le-Duc, wurde eines Tages von Ludwig XV. wegen einer Verletzung, die dieser sich am Fuße zugezogen hatte, gerufen. *„Ah"*, sagte der König, *„ich hoffe, Sie werden mich anders behandeln als Ihre Kranken im Krankenhaus?"*
„Sire", antwortete Moreau, *„mit Bedauern muß ich Eurer Majestät sagen, daß es mir unmöglich ist, Sie anders zu behandeln."*
„Und warum nicht?"
„Weil ich meine Kranken im Krankenhaus wie Könige behandle."

FORTSCHRITTE

„Haben Sie noch Schmerzen in der linken Schulter?" fragt der Arzt den Patienten.
„Und ob, Herr Doktor!"
„Dann sollten Sie mal kalte Umschläge machen."
„Das letzte Mal haben Sie mit aber gesagt, ich dürfte nur mit Wärme behandelt werden."
„Wann war denn das?"
„Vor drei Wochen."
„Hm ...", sinniert der Arzt, *„inzwischen hat die Wissenschaft eben Fortschritte gemacht."*

DIE FALSCHE PATIENTIN

Mutter und Tochter gehen gemeinsam zum Arzt. Der fordert das junge Mädchen auf, sich freizumachen.
Sogleich protestiert die Frau Mama: *„Aber ich bin es doch, die zur Untersuchung gekommen ist!"*
Darauf der Arzt eifrig: *„Zeigen Sie mir bitte Ihre Zunge!"*

GUTER DOKTOR

Ein praktischer Arzt, der Nacht für Nacht durch Telefonanrufe von Patienten geweckt wird, möchte endlich einmal ausschlafen und sagt am Abend zu seiner Frau, sie möge jedem Anrufer erklären, er sei verreist. Prompt läutet in der Nacht das Telefon, die Frau hebt ab, es meldet sich ein Patient, und sie sagt wie vereinbart, ihr Mann sei leider verreist. Doch der Patient läßt sich nicht abweisen, schildert seine Beschwerden so anschaulich und bittet so eindringlich um Rat, daß sich die Frau schließlich erweichen läßt, bei ihrem neben ihr liegenden Mann flüsternd Auskunft einholt und diese weitergibt. Das geht so einige Male hin und her, bis der Patient am anderen Ende der Leitung schließlich sagt: *„Frau Doktor, ich danke Ihnen vielmals für Ihre Hilfe. Jetzt hätte ich am Schluß noch eine Frage: Bitte, ist das auch ein guter Arzt, der neben Ihnen im Bett liegt?"*

HONORARNOTE

Als ein wohlhabender Patient pathetisch ausruft: *„Um Ihnen zu danken, fehlen mir die Worte!"*, erwidert der Arzt lächelnd: *„Macht nichts. Wenn euch die Worte fehlen, laßt Zahlen sprechen."*

JUNGBRUNNEN

Eine 70jährige kommt wegen altersbedingter Beschwerden zum Arzt, der nach der Untersuchung entschuldigend anhebt: *„Ja, ich kann Sie leider nicht jünger machen."* Da korrigiert die Patientin: *„Ich will ja nur älter werden."*

> *„Jeder Mann ist so alt, wie er sich fühlt –*
> *jede Frau ist so alt, wie sie sich anfühlt."*

VERLORENE LIEBESMÜH

„Bitte kommen Sie sofort, Herr Doktor, meinem Mann geht es ganz schlecht", fleht die Frau am Telefon. Sofort packt der Not-

arzt seine Tasche und fährt zu der angegebenen Adresse. Er läutet eben an der Wohnungstür, als diese von innen aufgeht und ein Pfarrer vor ihm steht. *„Zu spät, Herr Doktor"*, sagt der Schwarzgekleidete. *„Der gehört schon mir."*

ENTSAGUNG

„Das Ergebnis ist eindeutig", sagt der Arzt nach der Untersuchung zu dem Herrn in den Fünfzigern. *„Ihrem Gesundheitszustand nach müssen Sie eines aufgeben: die Frauen oder den Wein. Was wählen Sie?" – „Ich möchte das gerne von Fall zu Fall entscheiden – nach dem Jahrgang."*

NARBENSCHAU

Eines Tages kam eine hübsche junge Frau und klagte über einen schmerzhaften Abszeß an einem Körperteil, auf dem man zu sitzen pflegt. Nach der Untersuchung erklärte ihr der Arzt, hier müsse ein Einschnitt gemacht werden. *„Um Gottes willen"*, rief die Dame entsetzt, *„das gibt ja eine Narbe! Wird man sie sehen?"* Der Arzt erwiderte lächelnd: *„Gnädigste, das wird ganz von Ihnen abhängen."*

UNGESTÖRT

Es sagte der Psychiater zu seiner Sprechstundenhilfe: *„Schicken Sie mir bitte die Nymphomanin herein – und dann können Sie sich für den Rest des Tages freinehmen!"*

VOM SÜSSEN GESCHMACK DES HARNES, VON GESTOHLENEN HUNDEN UND EINEM VORENTHALTENEN NOBELPREIS

Indische, chinesische und japanische Ärzte kannten schon vor mehr als 2000 Jahren eine Krankheit, die sich mit süßem Harn äußerte. Es wurde beobachtet, daß dieser süße Urin den Hunden schmeckte, Fliegen wurden angelockt, man nannte die Krankheit *„Honigharn"*. Auch die häufig damit verbundene Furunkulose war den alten asiatischen Ärzten bekannt; überdies war es eine Krankheit der Reichen.

Der Ausdruck *„Diabetes"* wurde von Aretaios aus Kappadokien (81–128 n. Chr.) in den medizinischen Sprachgebrauch eingeführt, um die großen Harnmengen, den Harndrang und das häufige Wasserlassen zu charakterisieren. *„Diabetes"* bedeutet im Griechischen nämlich *„mit gespreizten Beinen"* und weist auf die Verrichtung des Urinierens hin. Damit standen die Hauptsymptome der Zuckerkrankheit schon sehr früh fest: Polyurie (große Harnmengen), Glukosurie (Zuckerausscheidung im Harn) und Polydipsie (starkes Durstgefühl). Die Geschmacksprüfung des Harnes war schon seit alters üblich, aber erst der große arabische Arzt Avicenna (980–1037 n. Chr.) hat ausdrücklich auf den süßen Geschmack des Diabetikerharns hingewiesen. Das *„Kosten"* von Harn bei einer ärztlichen Untersuchung blieb bis ins 19. Jahrhundert gebräuchlich.

Um 1770 wurde Zucker zunächst im Urin chemisch nachgewiesen, 1830 auch im Diabetikerblut. Die einfachen Methoden des Zuckernachweises bedeuteten eine große Erleichterung für

die Diagnose der Zuckerkrankheit. Auch andere chemische Zusammenhänge bei Diabetes, wie etwa die *„Übersäuerung"* des Körpers, wurden geklärt, jedoch blieb die Kenntnis über die Ursache dieser relativ häufigen Krankheit gering.
Dabei war schon 1689 der Schweizer Arzt Johann Conrad Brunner unmittelbar daran, den Ursachen auf die Spur zu kommen. Er entfernte Hunden operativ die Bauchspeicheldrüse und bemerkte, daß die Tiere starken Durst bekamen, sehr viel fraßen und viel Harn ließen. Er brachte diese Beobachtung aber nicht mit den bei Diabetikern genau gleichen Symptomen in Zusammenhang. Dafür bekam er Schwierigkeiten, da er keine Versuchstiere, sondern einfach die Hunde anderer Leute operiert hatte. In seinem Versuchsprotokoll steht: *„Am 11. Oktober entlief der Hund mir gesund und kehrte zu seinem Herrn zurück. Der staunte über die schreckliche Wunde und bedachte mich mit den schlimmsten Verwünschungen. Als ich durch einen Dritten den Hund von ihm zurückverlangte, antwortete er, wenn er ihn getötet haben wolle, werde er ihn dem Schinder, nicht aber dem Arzt geben. Dennoch suchte ich mit allen Mitteln in den Besitz des Hundes zu gelangen. Ich lockte ihn mit einer Hündin an, zu der er in Liebe entbrannt war, und entführte ihn heimlich mit mir in mein Haus . . ."* Sehr ehrlich ist es also schon damals nicht bei Tierversuchen zugegangen. Erst genau 200 Jahre später, 1889, erkannte der deutsche Internist Oskar Minkowski den Zusammenhang zwischen Bauchspeicheldrüse und Diabetes.
Auch die bedeutendste Entdeckung im Rahmen der Erforschung der Zuckerkrankheit endete mit einem Eklat.
1921 gelang es Frederick Banting und dem damals 22jährigen Studenten Charles Best, im Laboratorium des Professors MacLeod in Toronto das Hormon Insulin aus Bauchspeicheldrüsengewebe von Versuchstieren zu gewinnen. Damit war das entscheidende Heilmittel zur Verfügung, der bislang unheilbare Diabetes konnte behandelt werden. 1923 erhielten Banting und MacLeod den Nobelpreis für Medizin – zu Recht; Charles

Best aber wurde als zu jung befunden und ging leer aus – zu Unrecht.
Das Prüfen des süßen Geschmackes von Diabetikerharn wurde noch uns Studenten in den sechziger Jahren in der Vorlesung eindrucksvoll demonstriert. Der Professor ließ sich ein mit Harn gefülltes Glas reichen, steckte einen Finger hinein, zog die Hand wieder zurück und kostete am Finger. Es ging alles ziemlich schnell, und wir waren fassungslos. Erst später wurden wir von älteren Kollegen aufgeklärt, was geschehen war. Der Professor hatte den Zeigefinger in das Uringlas gesteckt, aber seinen Mittelfinger abgeschleckt. Niemand im Zuhörerkreis hat das bemerkt.

BERÜHMTE HYPERTONIKER AUS POLITIK UND KUNST

Die Bluthochdruckkrankheit führt direkt zu einer schweren Arteriosklerose, welche grundsätzlich alle Organe befällt, häufig sich aber im Gehirn bemerkbar macht. Solche Patienten erleiden einen allgemeinen Leistungsabfall mit Konzentrationsschwäche und Gedächtnisstörungen. Auffallend sind auch objektive Wesensveränderungen, besonders zunehmende Schwierigkeiten im Umgang mit anderen Personen sowie Intelligenzverlust.

Drei Staatsmänner mit Bluthochdruck – Roosevelt, Churchill und Stalin – berieten 1943 in Teheran und 1945 in Jalta über die Neuaufteilung der Welt nach dem Zweiten Weltkrieg. Sie unterschrieben schließlich ein Abkommen für den Frieden. Was folgte, war der kalte Krieg.

Die Hochdruckkrankheit hatte die drei Männer unterschiedlich betroffen. Sie waren keine gleichwertigen Verhandlungspartner.

Franklin Delano Roosevelt (1882–1945), der amerikanische Präsident, war in Jalta bereits vom Tode gezeichnet. Er hatte weder die physische Kraft noch die intellektuelle Gewandtheit, um bei den Verhandlungen ein ebenbürtiger Partner zu sein. Er war sicher von den drei Anwesenden der am stärksten Mitgenommene, nicht nur durch seine Lähmung nach Poliomyelitis, sondern durch die Folgen eines langjährigen Bluthochdrucks: abgemagert, zitternd, geistig erschöpft, ein Arteriosklerotiker und Hypertoniker, kaum fähig, leserlich zu schreiben. Im Februar 1945 war Roosevelt in Jalta der Verlierer, zwei Monate später war er tot. Er starb an einer Hirnblutung am 12. April 1945, 63 Jahre alt.

Winston Churchill (1874–1965), der britische Premierminister, war ein manisch-depressiver Charakter, der allerdings in seinen extrovertierten, euphorischen Phasen ein großer Stratege und Politiker war. Sein hoher Blutdruck äußerte sich in Herzanfällen und Durchblutungsstörungen des Gehirns. In Jalta war er jedenfalls der einzige ebenbürtige Gegenspieler von Stalin. Erst zehn Jahre später, im Alter von 80 Jahren, legte er 1955 das Amt des Regierungschefs zurück. Nach mehreren Gehirnschlägen verdämmerte dieser große Geist in einem sechs Jahre dauernden Verlöschen. Am 24. Januar 1965 ist er gestorben, er wurde 91 Jahre alt.

Josef Stalin (1879–1953) war in Jalta noch der Gesündeste der drei Männer, hatte aber auch schon unter den Folgen der Hypertonie zu leiden. Dies wurde bereits in Potsdam, im Juli 1945, deutlich, als ihm ein gesunder Präsident Truman, der Nachfolger Roosevelts, gegenübersaß. Stalin wurde in seinen letzten Lebensjahren immer gereizter, mißtrauischer und autoritärer, er wurde zum Tyrannen; solche psychischen Veränderungen sind typisch für die Bluthochdruckkrankheit. Stalin starb am 5. März 1953, 74 Jahre alt, nach einer massiven Hirnblutung.

Das typische Schicksal eines Hypertonikers erlitt auch *Gustav Klimt* (1862–1918). Athletisch, sinnlich und kraftstrotzend, jedoch gleichzeitig von verletzbarer Seele und cholerischem Temperament. Er war erfolgreich in der Kunst und bewundert in der Gesellschaft. Von seinem Vater, der 58jährig starb, hatte Klimt die Disposition zur Hypertonie geerbt. Er selbst war zeitlebens nie länger krank, erlitt am 11. Januar 1918 einen Schlaganfall und war danach rechtsseitig gelähmt; er starb mit 56 Jahren am 6. Februar 1918. Der tote Klimt wurde im Keller der Prosektur des Wiener Allgemeinen Krankenhauses von Egon Schiele porträtiert.

Obwohl die ärztliche Blutdruckmessung erst in diesem Jahrhundert obligat wurde, können wir durch die charakteristischen Symptome auch *Joseph Haydn* (1732–1809) unter die Hypertoniker einreihen. Er war bis zum Jahre 1799 kaum jemals ernsthaft krank. Während der Komposition des Oratoriums *„Die Jahreszeiten"* begannen sich die Anzeichen einer Hirnarteriensklerose sowie einer Herzinsuffizienz bemerkbar zu machen. Haydns Kräfte nahmen rasch ab, das Gedächtnis ließ nach, die schöpferische Kraft verschwand. Kopfschmerzen, Konzentrationsschwäche und die von allen Besuchern der letzten Jahre bezeugte Weinerlichkeit sind Symptome, die mit ausreichender Genauigkeit auf eine Hypertonie deuten. Haydn starb am 31. Mai 1809 an Herzversagen bei schwerer Arteriosklerose, er wurde 77 Jahre alt.

Medizingeschichtlich betrachtet, fällt die Häufung von Bluthochdruck mit zum Teil deletären Folgen bei Politikern auf, man denke an Chruschtschow, Breschnew, Lenin und F. J. Strauss.

Typisch ist, daß subjektiv empfundene Krankheitssymptome lange Zeit nicht störend auffallen. Dann wird es allerdings um so schlimmer, und die Betroffenen sind schwer krank. Zu Recht wird die Hypertonie-Krankheit als *„silent killer"* bezeichnet.

VON DER MERKWÜRDIGEN SPRACHE DER MEDIZIN

In fünf Zeitepochen waren jeweils unterschiedliche Sprachen in der Medizin dominierend. Dies war die Folge kultureller Schwerpunkte, aber auch der Notwendigkeit, international verständlich zu sein.
Im klassischen Altertum war die Sprache der Medizin Griechisch. Dies dauerte bis zum Ende des Römischen Reiches, da die bedeutendsten Ärzte meist hellenistischer Herkunft waren.
Im Mittelalter verschob sich das Zentrum der Medizin in die islamische Welt, wo das Arabische herrschte. Im byzantinischen Osten blieb das Griechische, in Westeuropa wurde Latein zur Sprache der Medizin.
In der Renaissance erwies sich Latein als wichtigste Sprache aller Wissenschaften. Die griechischen und arabischen Werke wurden übersetzt.
Im Gefolge der Französischen Revolution und des erwachenden Nationalgefühls wurden die Landessprachen auch für die Medizin entdeckt. Vor allem Französisch, Deutsch und Englisch gelangten zu hoher Bedeutung. Das brachte mit sich, daß die medizinische Umgangssprache und vor allem die Fachausdrükke ein Konvolut aus unterschiedlichen Sprachwurzeln darstellen. Erst in den letzten Jahrzehnten hat sich in der medizinischen Wissenschaft wieder eine einzige Sprache durchgesetzt – das Angloamerikanische. Es ist Kongreßsprache, Publikationssprache, Terminologie und vor allem die Grundlage der leider allzu beliebten Abkürzungen; schließlich ist es die Sprache der Computer.

Manchmal wird die Ausdrucksweise fast grotesk:
ALCAPA, *„anomalous left coronary artery from pulmonary artery"*, bezeichnet den Ursprung der linken Herzkranzarterie aus der Lungenschlagader.
ZEEP, *„zero endexspiratory pressure"*, bedeutet einen Nullbeatmungsdruck in der Endphase der Ausatmung.
Den jungen Spezialisten gefällt es, die Alten schlagen heimlich im Abkürzungslexikon nach.

WER TAUFT DIE KRANKHEITEN?

Die Namengebung einer Krankheit erfolgt nach unterschiedlichen Aspekten, d. h. der Tradition, der Konvention, aber auch der Willkür folgend. Einige Beispiele sollen die vielfältigen Hintergründe aufzeigen.

Das Symptom als Namengeber
„Apoplexie" ist griechisch und bedeutet Schlaganfall, Gehirnschlag. Das Wort bezeichnet die plötzliche Betäubung wie durch einen Schlag auf den Kopf oder ein Wegschlagen der Besinnung.
„Leukämie" stammt von den griechischen Worten *„leukos"* und *„haima"*, Weißblütigkeit. Durch die tumorartige Vermehrung der weißen Blutkörperchen ändert sich die Farbe des Blutes.
„EPH-Gestose" setzt sich zusammen aus den Anfangsbuchstaben der englischen Worte *„edema + proteinuria + hypertension"* (Wasseransammlungen, Ausscheidung von Eiweiß im Urin, Bluthochdruck) während der Schwangerschaft, d. h. *„gestation"*. Diese Krankheit wurde vor dem Überhandnehmen der angloamerikanischen Nomenklatur als *„Eklampsie"* bezeichnet, das ist wiederum griechisch und bedeutet Krämpfe.

Der Entdecker als Namengeber

„Alzheimer-Krankheit“: schleichend fortschreitende Verblödung, von Alois Alzheimer im Jahre 1906 als atypische Form der Altersdemenz abgegrenzt.

„Piringer-Kuchinka-Syndrom“: Lymphknotenschwellung am Hals, verursacht durch die meist von Katzen übertragene Infektionskrankheit Toxoplasmose. Alexandra Piringer-Kuchinka gehört zu den verschwindend wenigen österreichischen Ärzten der Gegenwart, nach denen eine Krankheit benannt ist.

Der Erkrankte als Namengeber

„Hartnup-Syndrom“: eine angeborene Stoffwechselstörung im Aminosäuresystem. Die Erstbeschreibung erfolgte 1956, die Benennung nach der ersten untersuchten Familie.

„Münchhausen-Syndrom“: nach dem Erzähler unwahrscheinlicher Abenteuer, Karl Friedrich Freiherr von Münchhausen (1720–1797), benannte psychoneurotische Krankheit, bei der an sich gesunde Personen auf dramatische Weise verschiedene Krankheiten vorspiegeln.

„Kuru-Krankheit“: bisher nur in Neuguinea aufgetretene Degenerationserkrankung des Gehirns. Es bestehen Beziehungen zur Creutzfeldt-Jakob-Erkrankung des Menschen sowie zu der in der letzten Zeit zu trauriger Berühmtheit gelangten Bovinen Spongiformen Enzephalopathie (BSE) der Rinder. Die Krankheit wird von den Eingeborenen Neuguineas *„Kuru“* genannt, was *„der Zitternde“* bedeutet.

Der Irrtum als Namengeber

„Rheumatismus“: Der Name *„Rheuma“* ist griechisch und bedeutet fließen, ziehen. Diese Eigenschaften wurden auf verschiedene schmerzhafte Zustände übertragen. Eine definierte Krankheit namens Rheumatismus gibt es aber nicht! Hinter diesem Begriff versteckt sich eine Vielzahl gänzlich unterschiedlicher Veränderungen.

„Legionärskrankheit“: 1976 kam es nach einem Treffen amerikanischer Kriegsveteranen in einem Hotel in Philadelphia zu einer Epidemie mit 180 Erkrankten und 29 Todesfällen. Die Krankheit wie auch der Erreger *(Legionella pneumophila)* haben mit ehemaligen Kriegsteilnehmern nichts zu tun. Die Infektionen treten vor allem in Hotels, Krankenhäusern und Gebäuden mit keimverseuchten Wasserleitungen auf; die Krankheit betrifft nur abwehrschwache Menschen.
„Cholera“: Die Herleitung des Namens von *„Galle-Durchfall“*, d. h. *„chole“*, griechisch Galle, ist falsch. Richtig ist *„cholera“* abzuleiten vom griechischen Wort für Dachrinne, welche das Wasser kullernd abführt.

Die Geographie als Namengeber
„Tularämie“ ist der Name der Hasenpest. Nach dem kalifornischen Ort Tulare benannt, wird diese Infektion häufig von Nagetieren auf den Menschen übertragen.
„Lyme-Erkrankung“: Diese von Zecken übertragene Infektionskrankheit ist benannt nach der Ortschaft Lyme in Connecticut, USA.
„Ebola-Erkrankung“: Die Virusinfektion ist vor allem im südlichen Sudan und im Nordkongo beheimatet. Sie wurde 1976 erstmals entdeckt und nach dem zentralafrikanischen Fluß *Ebola* benannt.

Wie viele Krankheiten derzeit namentlich definiert sind, ist kaum mehr abschätzbar. Als wahrscheinlich gilt eine Zahl von über 50.000. Das ist sehr viel und von einem Arzt allein nicht mehr zu überblicken.

> *„Überhaupt hat der Fortschritt das an sich,*
> *daß er viel größer ausschaut, als er ist.“*
> Johann Nepomuk Nestroy

LATEIN ODER NICHT LATEIN, DAS IST KEINE FRAGE

In einer Mediendiskussion über die Zweckmäßigkeit und Notwendigkeit der Kenntnis der lateinischen Sprache als Vorbereitung für ein Universitätsstudium kamen auch Mediziner zu Wort.

Professor Franz Seitelberger, emeritierter Vorstand des Institutes für Neurologie und Rektor der Wiener Universität von 1975–1977, sprach sich fundiert für den Lateinunterricht und die dadurch erzielte Geistesschulung und prinzipielle Organisation des Denkens aus. Denn Latein ist nicht irgendeine Sprache, Latein ist die Wurzel der abendländischen Kultur als jahrhundertelang gültiges Verständigungsmittel der Gelehrten, und Latein ist vor allem eine Schule des geordneten Aufbaues der Gedanken.

Wie es im Sinne Oskar Kokoschkas eine *„Schule des Sehens“* gab und weiter geben sollte, so ist im Sinne Franz Seitelbergers eine *„Schule des Denkens“* durch die Kenntnis der lateinischen Sprache zumindest in den Grundlinien festgelegt.

Andere sprechen dezidiert gegen Latein und erklären, die moderne Medizin benötige das nicht. Es kommt dann der oft bemühte Vergleich mit Amerika: In den USA werden gute Ärzte ausgebildet, Latein ist keinerlei Voraussetzung für das Studium. Dabei wird in der Regel nicht erwähnt, daß die Privat- und Universitätskurse in Latein von den Amerikanern gestürmt werden.

Die Konsequenzen der Ablehnung von Lateinkenntnissen für das Medizinstudium sind zu erwarten gewesen. In Lehrbüchern und Vorlesungen müssen alle *termini technici* sprachlich erklärt werden, da die Studenten kaum Latein verstehen, zuwenig Englisch, nur vereinzelt Französisch und praktisch überhaupt nicht mehr Griechisch. Diese Sprachen sind aber die Grundlagen unserer Nomenklatur, und daran wird sich auch in naher Zukunft nichts ändern.

Jetzt verstehen wir, warum die Abkürzungen so beliebt sind. Sie sind zwar gräßlich, aber einfach hinzuschreiben, und man braucht dafür weder Grammatik noch Vokabeln.
Für mich persönlich ist nur eines schade: Die Kämpfer gegen die klassischen Sprachen wissen dann nicht einmal mehr, daß Dummkopf auf lateinisch *„homo stultus"* heißt, und müssen ihre Gegner englisch beschimpfen. Auch könnten sie mit *„Idiot"* im griechischen Sinne das Falsche meinen, denn ein *„idiotes"* war ein Privatmann im Gegensatz zum Staatsmann bzw. ein gewöhnlicher Soldat im Gegensatz zum Feldherrn und keineswegs ein Trottel.
Aber die Tatsache bleibt bestehen: *„Roma locuta"* wurde ausgetauscht gegen *„the voice of America"*.
Die nächste sinnlose Reform steht mit der Umstellung der deutschen Rechtschreibung bevor. Es ist nicht ausgeschlossen, daß vielleicht zukünftig Diphtherie gegen *„Difteri"* ausgewechselt wird.
Es wird interessant zu beobachten sein, was geschieht, wenn die Mediziner nicht mehr *„Latein"* können. Möglicherweise wird es nur mehr Krankheitsnamen mit Personen- bzw. Geographiebegriffen geben oder Abkürzungen.

DER BEFUND

Der Patient fragt nach der Untersuchung den Arzt: *„Bitte, Herr Doktor, auf deutsch: Was fehlt mir?"* – *„Nichts. Sie sind auf deutsch: ein Fresser, ein Säufer und ein Faulpelz."* Der Patient hat noch einen Wunsch: *„Danke! Und auf lateinisch, für meine Frau?"*

ZU KURZ

Das Fach bringt es mit sich, daß die Anatomen bei ihren Vorlesungen bisweilen in eigentümliche Reden verfallen. Einer soll gesagt haben: *„Meine Damen und Herren, gestern sind wir zu den weiblichen Genitalien vorgedrungen, heute wollen wir darin fortfahren."* Und mit einem kurzen Zeigestock auf eine Abbildung deutend, fuhr der Professor fort: *„Hier oben sehen Sie die Tube, dahin gelangt das Ei. Aber ich komme nicht so hoch!"*

NEUJAHRSGESCHENK

„Meine Herren! Indem ich Ihnen zum neuen Jahr meine herzlichsten Glückwünsche darbringe, wende ich mich zu den Eingeweiden und lege Ihnen den Magen eines Schnapssäufers vor."

WIE SPRECHEN ENGEL?

Wie fast alle Mediziner seiner Zeit sprach Josef Hyrtl noch fließend Latein, konnte mühelos Vorlesungen und Stegreifreden in dieser Sprache halten und sagte einmal zu einem Kollegen: *„Für mich steht eines fest: Die Engel im Himmel sprechen Latein miteinander."*

WO MAN SINGT . . .

Der alte Herr war nie ein Kind von Traurigkeit. Doch jetzt zwickt und zwackt es da und dort, und er geht – vorsorglich – zum Arzt. Nach der Untersuchung runzelt der Doktor die Stirn.

„Was ist denn los mit mir?" fragt der alte Herr besorgt. *„Ist es jetzt aus mit Wein, Weib und Gesang?"*

„Na ja, so schlimm ist es nicht", meint da der Arzt. *„Singen dürfen Sie, soviel Sie wollen."*

CINEMASCOPE

Verzweifelt wendet sich ein Mann an einen berühmten Psychiater: *„Mit mir stimmt was nicht. Ich habe den gesamten Plafond meines Schlafzimmers mit Fotos praller Schönheiten tapeziert. Lauter Nacktfotos, die ganz Decke ist vollgeklebt. Das kann doch nicht normal sein!"*

Der Arzt beruhigt den Mann: *„Schauen Sie, wir leben in einer freizügigen Zeit – wo man hinschaut: Sex, Sex, Sex. Die Bilder an der Decke Ihres Schlafzimmers sind kein Grund zur Besorgnis."*
„Doch", wendet der Patient ein, *„ich schlafe immer auf dem Bauch."*

SELBST PERVERS

Kommt ein Mann zum Psychiater, weil er darunter leidet, immer nur an das Eine zu denken. Um der Sache auf den Grund zu gehen, macht der Arzt einen Test. Er zeichnet eine Linie auf ein Blatt Papier und fragt: *„Was ist das?"*
„Ein Seil, und darauf balanciert eine nackte Akrobatin", antwortet der Patient ohne zu zögern.
Der Psychiater zeichnet einen Kreis. *„Und das?"*
„Ein Astloch in einem Zaun. Und durch dieses Astloch sieht man ein Pärchen, das sich auf einer Wiese wälzt."
„Und woran denken Sie jetzt?" fragt der Psychiater, während er ein Viereck auf das Papier malt.
„An ein Zimmer, in dem ein Bett steht, und in diesem Bett . . ."
„Sie sind tatsächlich ein schwieriger Fall!" entfährt es dem Arzt.
„Da kann ich aber nix dafür, Herr Doktor, wenn Sie immer so perverse Sachen zeichnen!"

KLARE GEDANKEN

Seltsame Unterhaltung zwischen zwei Psychiatern. *„Es ist einfach nicht zu fassen, Herr Kollege"*, sagt der eine, *„wie verwirrt und wenig folgerichtig heutzutage die meisten Menschen denken."* – *„Hm, versuchen Sie's doch mal mit mir! Fragen Sie mich was!"* antwortete der andere. *„Gut. Also, hören Sie gut zu! Erste Frage: Es trägt ein kurzes Röckchen und hat Lippen, die Vergnügen bereiten. Was ist das?"* – *„Ganz klarer Fall: ein Schotte mit einem Dudelsack!"* – *„Gut so! Sehr schön! Zweite Frage: Sie liegen im Bett, und etwas Weiches, Warmes schmiegt sich angenehm an Sie?"* – *„Ganz einfach, eine Gummiwärmeflasche!"* – *„Donnerwetter!*

Richtig! Aber jetzt die dritte Frage! Aufgepaßt: Woran denken Sie wohl, wenn sich ganz plötzlich von hinten zwei Arme um Ihren Hals legen?" – „Na, selbstverständlich an einen Berufsringer!" – „Gratuliere, Kollege, vortrefflich, klar, sauber und konsequent! Aber Sie ahnen ja nicht, was für ganz und gar unmögliche Antworten ich auf diese Fragen von meinen Patienten bekomme!"

DIE WIENER KRANKHEIT

Am 24. März 1882 teilte Robert Koch in einem Vortrag vor der Berliner Physiologischen Gesellschaft die Entdeckung des Tuberkuloseerregers mit. Damit beendete er den mehr als 2.000 Jahre alten Gelehrtenstreit über die Ursache dieser Krankheit. Funde tuberkulöser Veränderungen an Skeletten aus dem Neolithikum oder an ägyptischen Mumien beweisen, daß diese Infektionskrankheit die Menschen schon immer geplagt hat. Auch die charakteristischen Symptome waren seit den Anfängen der Medizin bekannt – in Indien und im alten China genauso wie in der Asklepiosschule und dem Arzt Hippokrates: *„Fieber mit Frösteln, Schweißausbrüche, Husten, Schmerzen und Gewichtsverlust."* Die Krankheit wurde *„Phthise"*, Schwindsucht, genannt. Den Begriff Tuberkulose führte erst Lucas Schönlein um 1830 in die Wissenschaft ein.

Durch viele Jahrhunderte war man überzeugt, es handle sich um eine schicksalhafte Erkrankung, vererbbar, konstitutionsbedingt, aber wohl durch Umwelteinflüsse modifiziert. So vertrat etwa einer der bedeutendsten Ärzte der Geschichte, der Entdekker der Auskultation und der Erfinder des Stethoskops, René Théophile Hyacinthe Laennec, 1819 die Auffassung, die Tuberkulose sei Schicksal, unheilbar und stelle eine bösartige Neubildung von Gewebe dar, also einen Tumor. Er erklärte die Phthise als nicht ansteckend und horchte mit bloßem Ohr bzw. seinem hölzernen Schallverstärker am Brustkorb hustender Kranker – 45jährig starb er an Tuberkulose.

Vom 18. Jahrhundert an breitete sich die Tuberkulose in beängstigendem Ausmaß aus. Schuld daran waren die Entstehung größerer Städte mit deren Elendsvierteln, der zunehmende Verkehr und verbesserte Transportmöglichkeiten, die rasch wechselnde Menschenkontakte bedingten.

Tatsächlich gab es eine Zeit, in der die Tuberkulose schlechtweg *„die Wiener Krankheit“* hieß. Am Beginn des 19. Jahrhunderts, als noch zahllose Studenten und Ärzte nach Wien strebten, weil es in der Hauptstadt der Donaumonarchie etwas zu sehen und zu lernen gab, konnten sie im Allgemeinen Krankenhaus erleben, was man *„Morbus Viennensis“* nannte.

Im Jahre 1810 sind allein in diesem Großspital 758 Patienten an Tuberkulose gestorben, 1815 gab es in ganz Wien 2.859 Tbc-Todesfälle. Aber schon viel früher hat Kaiser Joseph II., der selbst dem *Morbus Viennensis* erlag, die medizinische Fakultät befragt, warum gerade in Wien so viele an der Schwindsucht sterben. Die Professoren haben nichts anderes zu antworten gewußt, als daß der Wiener Staub, die Stiegen der vier- bis sechsstöckigen Häuser, die feuchten und dumpfenWohnungen und vor allem „der deutsche Tanz“, also der Walzer, die Ursachen seien!

1871 erreichte die Seuche in Wien ihren Höhepunkt. 5.693 Menschen starben an der „Wiener Krankheit“, das war jeder vierte Todesfall. Besonders arg betroffen waren die Neuzuwanderer, die, aus ländlichen Gegenden kommend, in der aufstrebenden Großstadt ihr Glück suchten. Die *„Dienstmädchentuberkulose“* und die *„Bosniakentuberkulose“* wurden sprichwörtlich. Auch heute tritt die Tbc noch gehäuft bei bestimmten Bevölkerungsgruppen auf, denn gerade diese Krankheit ist ein empfindlicher Anzeiger für die soziale und hygienische Infrastruktur. So ist die Tuberkulosehäufigkeit im 16. und 17. Bezirk Wiens mehr als doppelt so hoch wie in der übrigen Stadt; mit Recht müssen solche Bezirke als „Tuberkuloseinseln“ einer Großstadt bezeichnet werden. Grund dafür sind die enge Verbauung, die hohe Bevölkerungsdichte und der große Anteil von Substandardwohnungen.

Aber auch im ländlichen Raum existieren Tuberkuloseinseln. Dort hat sich gezeigt, daß vor allem Pendler häufig erkrankt sind. Dabei sind ebenfalls soziale Aspekte von Bedeutung, z. B. Arbeitsplätze und Quartiere auf engem Raum, stark frequentierte Bahnhofswartezimmer und Gasthäuser, gemeinsame Zug- und Autobusfahrten.
Trotz des weitgehenden Rückganges der Neuerkrankungen in den europäischen Ländern gibt es nach wie vor Todesfälle an Tuberkulose. Pro Jahr sterben derzeit weltweit etwa drei Millionen Menschen an einer akuten oder chronischen Tbc.
Wenn damit der jetzige Stellenwert der Tbc aufgezeigt wird, ist klar, daß mit großem Bemühen bestimmte Risikogruppen von den Gesundheitsbehörden zu überwachen sind. Dies geschieht zwar regelmäßig während des Berufslebens, ab dem Eintritt ins Pensionsalter wird jedoch nicht mehr aktiv nach Tuberkuloseneuerkrankungen gefahndet, obwohl gerade in dieser Altersstufe die Krankheitshäufigkeit wieder zunimmt. Hier hat die Sanitätsbehörde Handlungsbedarf!
Durch die moderne Therapie kommt der Tbc keine Bedeutung als Volksseuche mehr zu. Allerdings verpflichten die Erfolge der Tuberkulosebehandlung zu weiterer aufmerksamer Diagnostik dieser Erkrankung in der Zukunft.

EINIGE VON VIELEN TUBERKULOSEOPFERN

Franz Josef Karl, Herzog von Reichstadt, 21 Jahre
Friedrich von Hardenberg (Novalis), 29 Jahre
Anne Brontë, 29 Jahre
Emily Jane Brontë, 30 Jahre
Charlotte Brontë, 40 Jahre
Frédéric Chopin, 40 Jahre
Franz Kafka, 41 Jahre
Christian Morgenstern, 43 Jahre
Franz von Assisi, 44 Jahre
Anton Pawlowitsch Tschechow, 44 Jahre
Robert Louis Stevenson, 44 Jahre
Friedrich von Schiller, 46 Jahre
Kaiser Joseph II., 49 Jahre
sowie
Marguerite Gautier, die *Kameliendame*
Violetta Valery, die *Traviata*
und Mimi, die Näherin aus *La Bohème*

WIE KRANK SIND UNSERE ÄRZTE?

Profitieren die Ärzte selbst von ihrer Heilkunst?
Wir Ärzte werden geschult, bei unseren Patienten Krankheiten zu verhindern oder zu heilen. Wie wir es aber mit unserer eigenen Gesundheit halten, wird viel weniger beachtet. Gegenseitige Hilfe ist selten ein Diskussionsthema und wird noch seltener praktiziert.

Achte deinen Nächsten (Patienten) wie dich selbst! Achte aber auch dich selbst wie deine Nächsten!

Die Erkenntnis ist nicht sehr originell: Ärzte sind auch nur Menschen. Ihre mittlere Lebenserwartung beträgt 69 Jahre und liegt um etwa drei Jahre unter dem Durchschnitt anderer Berufsgruppen mit ähnlicher akademischer Qualifikation.
1993 wurden 200 Allgemeinmediziner und Internisten befragt:
Wie gesundheitsbewußt leben Sie?
Zwei von drei Ärzten gaben an, wenig oder gar nicht gesundheitsbewußt zu leben. Etwa 50 Prozent treiben Sport.
Rauchen?
Bis zum 40. Lebensjahr sind unter den Ärzten 36 Prozent Raucher. Bis zum 55. Lebensjahr haben sich dann 18 Prozent das Rauchen abgewöhnt, d. h., dann sind 82 Prozent Nichtraucher bzw. Nicht-mehr-Raucher.
Alkohol?
15 Prozent leben abstinent. 50 Prozent gaben an, gerne Alkohol zu trinken.

Suchtgefahr?
40 Prozent der Befragten halten die Vertreter ihres Berufsstandes für suchtgefährdet.
Vorsorgeuntersuchung?
61 Prozent nehmen entweder nie oder nur selten Vorsorgeuntersuchungen in Anspruch. Nur jeder sechste Arzt läßt sich regelmäßig durchchecken.
Gewicht?
Jeder dritte Arzt bezeichnet sich als übergewichtig.

Die Selbstmordrate[6] liegt bei Ärzten zweimal höher als in anderen vergleichbaren Berufsgruppen.
Wenn 100 Ärzte an einer bestimmten Todesursache sterben, dann zeigen die nachfolgenden Vergleichszahlen die Sterblichkeit der anderen Gruppen.

Todesursache	*Ärzte*	*andere Akademiker*	*gesamte Bevölkerung*
Herz-Kreislauf	100	87	117
Krebs	100	118	161
Selbstmord	100	50	78

Krebstote gibt es bei Ärzten deutlich weniger als in der Gesamtbevölkerung. Ob dies eine Folge eines höheren sozioökonomischen Status ist oder durch mehr Gesundheitsbewußtsein hervorgerufen wird, bleibt bisher unklar.
Wie bei allen Statistiken muß man sich beim Vergleich von verschiedenen Kollektiven vor falschen Schlußfolgerungen hüten. Es ist keineswegs gesichert, daß die ärztliche Tätigkeit aufreibender und krankheitsfördernder ist als andere Berufe.

6 Die Selbstmordzahl beträgt ungefähr zwei Prozent aller Todesfälle und entspricht etwa der Zahl der Verkehrsunfalltoten.

Als Beispiel für einen Irrtum in dieser Hinsicht sei eine Untersuchung an englischem Autobuspersonal erwähnt. Sie hat ergeben, daß die Lenker viel weniger von Koronarsklerose und Herzinfarkt betroffen sind als die Schaffner. Dabei haben doch die Schaffner anscheinend einen wesentlich streßärmeren, nicht so verantwortungsbeladenen Beruf. Die Lösung ist wohl darin zu suchen, daß die Trennung der beiden Gruppen bereits bei der Berufswahl erfolgte, durch die Persönlichkeitsstruktur der Bewerber. Die Schaffner waren die dicken, bequemen, unsportlichen und genetisch „Trägen". Die Lenker waren die schlanken, bewegungsfreudigen und genetisch „Aktiven".

Todesursachen	*Pathologen*	*gesamte Bevölkerung*
bösartige Tumoren	14%	20%
Herz-Kreislauf	40%	50%
Selbstmord	3%	2%

Warum unter Pathologen ein erhöhtes Risiko für Hirntumore und Leukämien besteht, ist noch völlig ungeklärt. Allerdings gibt es keinerlei Hinweise für formaldehydbedingte Erkrankungen.

TODESURSACHEN BEKANNTER ÄRZTE

Ignaz Semmelweis: Syphilis; *Sigmund Freud:* Mundhöhlenkrebs; *Theodor Billroth:* Herzinfarkt; *Ferdinand Sauerbruch:* schwere Hirnarteriensklerose; *Anton Tschechow:* Tuberkulose; *Horace Wells* (Erfinder der Lachgasnarkose): Selbstmord; *William Harvey* (Entdecker des Blutkreislaufes): Selbstmord.

ARZT UND EHE

Psychiater und Chirurgen lassen sich im Vergleich zu anderen Medizinern am häufigsten scheiden. Wie eine Studie der Johns Hopkins University in Baltimore 1997 ermittelte, tritt jeder zweite Psychiater und jeder dritte Chirurg mindestens einmal im Leben vor den Scheidungsrichter. Dagegen halten es nur 24 Prozent der Internisten und 22 Prozent aller Kinderärzte und Pathologen nicht mit einem Ehepartner aus.
Überraschend ist, daß Mediziner von besonderem Ansehen offenbar treuere Ehegefährten sind als ihre weniger renommierten Kollegen.

NOCHMALS DASSELBE?

Eine Umfrage in Deutschland ergab, daß Zufriedenheit mit dem Beruf und im Privatleben nur bei rund 50 Prozent der Ärzte gegeben ist. Eine erschreckend hohe Zahl von 75 Prozent würde zögern, den Arztberuf noch einmal zu ergreifen. Diese offensichtliche Unzufriedenheit besteht bei kaum einer anderen Berufsgruppe.

WUNDERHEILER – GESTERN UND HEUTE

Der Glaube kann zwar keine Berge versetzen, aber er kann heilen. Das ist der Unterschied zwischen Geographie und Medizin.

Der Glaube vermag Unwahrscheinliches. Er mobilisiert psychische Kräfte und setzt einen körperlich-geistig-seelischen Mechanismus in Gang, der mitunter jeglicher medizinischer Behandlung überlegen ist. Die Macht des Geistes über das menschliche Leben hat sich tausendfach erwiesen. Mehr oder weniger gewissenhafte Menschen verstanden auch daraus Nutzen zu ziehen.

Die Sache beginnt dann kritisch zu werden, wenn Vertreter kirchlicher Vereinigungen oder skrupellose Geschäftemacher den Anspruch anmelden, Vermittler zu sein etwa zwischen dem *„heilenden Jesus"* aus dem Himmel und dem kranken Menschen auf der Erde.

Mediziner wissen, *daß mindestens ein Drittel der Beschwerden der Patienten eines durchschnittlichen Arztes auch ohne Medikamente oder andere medizinische Prozeduren zu heilen wäre.* Es handelt sich dabei durchwegs um Leiden, also schon längere Zeit bestehende Zustände. Häufig ist der Patient bereits von einem Arzt zum anderen gewandert, der wesentliche Erfolg blieb aber aus. Und dann stößt der Leidende, dem in keiner Weise abgesprochen werden soll, daß er sich elend fühlt, plötzlich auf einen Menschen oder auf eine Gruppe, gleichgültig ob geistlicher oder profaner Abkunft, und es geschieht scheinbar Wunderbares. Durch die persönliche suggestive Ausstrahlung einer Leitfigur, durch die Inszenierung eines Rituals, durch die psychologische Wirkung einer Massenveranstaltung mit Gruppendynamik und letztendlich durch die Sonderstellung jedes einzelnen, durch das öffentliche Zitieren passender Krankheitssymptome wird ein wohlbekannter Mechanismus in Gang gesetzt:

Der Patient ist *ergriffen,* entweder durch Worte oder tatsächlich durch Handauflegung; in die Aktivität der Nervenimpulse, ja in seinen psychischen Zustand wird *eingegriffen;* und der Leidende selbst hat, weil zu beschäftigt mit seinem Zustand, meist gar keine Möglichkeit zu *begreifen.* So entstehen die Geschichten von den Wunderheilungen.

Diese Mechanismen sind von der sogenannten Schulmedizin nie bestritten worden, wir versuchen sie nur genauer zu verstehen.

1. Wunderheilmethoden funktionieren keineswegs immer, denn es gehört eine empfängliche Persönlichkeitsstruktur des Patienten dazu.
2. Der *„Heilsspender"* muß über eine charismatische Ausstrahlungskraft verfügen.
3. Es ist nicht die besondere Kraft einer bestimmten Religion dazu nötig.
4. Nur gewisse Leiden können beeinflußt werden, andere – wie etwa eine Tumorkrankheit – nur ganz unwesentlich.

BEISPIEL MAGNETISMUS

Ein klassisches Beispiel aus dem Ende des 18. Jahrhunderts – denn solche Dinge gab es schon immer – war Dr. Franz Anton Mesmer mit seiner Lehre vom *„animalischen Magnetismus"*. Zuerst durch Auflegen von Magneteisen, später durch Berühren, Bestreichen, Besprechen und Beeindrucken, letztendlich durch Gruppentherapie erzielte er verblüffende Erfolge. Das Ganze wurde noch durch die Gründung ordensähnlicher Gemeinschaften, sogenannter *„Harmonischer Gesellschaften"*, gefördert, da Gerüchte aufkamen, es würden die okkulten Geheimnisse

der Rosenkreuzer, der Illuminaten und auch der Freimaurer in diesen Zirkeln zu Heilzwecken verwendet.
Mesmers Ruhm und finanzieller Erfolg stiegen ins Unermeßliche, Vergleiche mit der Gegenwart sind durchaus gestattet. Er wirkte in Wien und Paris, Maria Antoinette zählte zu seinen Anhängerinnen, und erst die Französische Revolution machte dem allen ein Ende. Die enge Verwandtschaft der Mesmerschen Methode zu Suggestion und Hypnose ist heute klar.
Weitgehend ähnliches geschieht dann, wenn Heilerfolge durch religiöse Institutionen erzielt werden. Nur wissen wir heute mehr und können die Mechanismen erklären. Wunderheilungen gibt es in Lourdes (für Katholiken), an der Klagemauer in Jerusalem (für Juden), auf der Hadsch nach Mekka (für Muslime), in den Tempeln der Buddhisten, vor den Shintoschreinen der Japaner, durch das Wirken von Schamanen usw., die Liste kann beliebig fortgesetzt werden. Daher ist es keineswegs übernatürlich, was etwa in der Kirche von Gallspach, Oberösterreich, passiert. Während stark besuchter Krankenmessen werden Beschwörungsformeln gesprochen:
„Geist der Heilung, Heil'ger Geist,
fall auf sie herab."
Manche Menschen verspüren dann Hitzewallungen – ganz genau so wie die Patienten Mesmers anno 1780 –, und es treten zuweilen Schmerzlinderungen ein. Denn Schmerzen, die wir mit Hilfe des Nervensystems wahrnehmen, können am leichtesten durch die psychische Kraft des Nervensystems beeinflußt werden.
Ist es wirklich nur ein Zufall der Geschichte, daß solches gegen Ende des 20. Jahrhunderts in Gallspach geschieht, dem Ort, wo einst ein Valentin Zeileis begann, mit *„elektrischen Duschen"* und *„Bestrahlungen"* Massenbehandlungen durchzuführen? Sein Name wurde zu einem Symbol für Wunderheilungen.
Das Besprechen von Warzen unter Anrufung des Mondes: *„Mond, so wie du zunimmst, soll die Warze abnehmen"*, oder

anläßlich eines Begräbnisses: *„Warze falle ab, wie der Tote in das Grab"*, vollzieht sich ja auch ohne magischen Zauber und funktioniert manchmal tatsächlich.
Die selbstkritische Medizin hat hier nichts dagegen. Wir sind froh, wenn Unterstützung im Kampf gegen die Leiden kommt.

WUNDERHEILER ALS MAHNUNG

Je weniger wir uns um die Patienten bemühen, um so mehr versorgen wir die Wunderheiler mit Kundschaft. Gemeingefährlich werden die Aktionen erst dann, wenn durch ausschließliche Hinwendung zu spirituellen Heilmethoden lebensbedrohliche Krankheiten der ärztlichen Behandlung entzogen werden und die Patienten, wie leider vielfach schon passiert, daraufhin sterben. Heilende Wanderprediger stellen wohl eine Gefahr dar, weil ihnen wie Gauklern manches Kunststück gelingt, aber auch einiges schiefgehen kann. Trotzdem sind solche *„charismatischen, heilenden Bewegungen"* nützlich. Die Ärzte werden aufgerüttelt, ihre Bemühungen um den Patienten als leidendes Individuum zu verstärken.
Die Wunderheiler unter den Medizinern sind durchwegs Scharlatane. Wenn ein Arzt durch *„Biomagnetismus"*, *„heilende Hände"*, *„Magnetströme"*, *„Pflanzen oder Erde"*, *„Ozontherapie"* oder was auch immer vorgibt, Kranke zu heilen, so ist das Schwindel. Elektrische Stromstöße dadurch zu erzeugen, daß sich in den Schuhen des Therapeuten verdrahtete Batterien befinden, ist eine Frage der Elektrotechnik, aber nicht der Heilkunde.
Ich habe nichts gegen die zur Zeit sehr populäre Alternative Medizin, denn mein Grundsatz lautet:

„Wer heilt, hat recht!"

Aber er muß tatsächlich heilen. Der Weg zur Heilung ist mir gleichgültig. Ich wehre mich aber dagegen, Heilereignisse, die es schon immer gegeben hat, als *„Wunder"* anzuerkennen.

Nach langem Warten wurde ich Zeuge eines solchen Falles. Ein Arzt teilte mir mit, daß eine Krebspatientin nach sechs Jahren geheilt worden war: *„Es wurde viel für sie gebetet, sie selbst dankt Jesus Christus für die Heilung."*
Das entscheidende an dieser Sache war: Die Diagnose *„Krebs"* hatte ich selbst gestellt! Sofort wurden die entsprechenden Gewebepräparate nochmals untersucht und auch mehreren Spezialisten gezeigt. Es stellte sich heraus, daß meine ursprüngliche Diagnose *„bösartig"* falsch gewesen war, denn auch Pathologen können irren. So entstehen Wunderheilungen!

Die psychische Beeinflussung des körperlichen Zustandes der Menschen steht außer Zweifel. Das beginnt bei „guten Tagen" und reicht bis zu Krankheitsausbrüchen oder -schüben in Zeiten seelischer Tiefschläge. Zur Heilkraft eines Gebetes ist keineswegs das Eingreifen eines Gottes notwendig, vielmehr ist es die persönliche Selbstbesinnung, der Dialog mit sich selbst – wenn schon kein Arzt Zeit findet, mit dem Kranken zu sprechen –, die Sammlung der individuellen Kräfte, das Bitten um Geborgenheit und Schutz. All das ist in der modernen Apparatemedizin abhanden gekommen. Es gibt keine besondere Heilkraft einer bestimmten Religion! Das Phänomen ist allgemeiner zu sehen. Die Vorliebe für das Wunderbare ist eine bleibende Verlockung für den menschlichen Geist. Zwischen Glaube und Aberglaube gibt es nur graduelle, oft fließende Übergänge. Ist es nicht merkwürdig, daß der Aberglaube, d. h. das Überbleibsel von Magie und Okkultismus, sich in so „katholischen" Ländern wie Italien und Spanien ganz besonders behauptet?

„Heil" (ursprünglich Glück) ist eine Existenzweise,
die den Menschen durch die Religion vermittelt wird.
„Heilen" ist ein irdisches Gewerbe.

Die zunehmende Zahl der Wunderheiler ist eigentlich ein Zeichen für eine schlechter werdende medizinische Versorgung. Die Ärzte müssen versuchen, es besser zu machen. Das ist schwer, denn worauf es ankommt, ist: *anhören, mitfühlen, miteinander reden, persönlich etwas tun, nachfragen, stets bereit sein* ... und all die anderen zeitraubenden und unangenehmen, aber schließlich ärztlichen Aufgaben.

WEINENDE MADONNEN UND ANDERE BEGEBENHEITEN

Das Flüssigwerden geronnenen Blutes (heiliger Januarius in Neapel), die Blutstränen aus Madonnenstatuen (Civitavecchia) und viele andere „*Wunder*" haben ganz prosaische Hintergründe.

Die blutigen Tränen einer dieser Madonnen erwiesen sich bei genetischer Untersuchung als eindeutig *männlich*, die Sache hat also einen Haken. Augenverfärbungen sind durch das Auftreten von farbstoffbildenden Bakterien zu erklären, und die Verflüssigung geronnenen Blutes ist ein simples chemisches Phänomen. Die Madonnenstatue aus dem nordlibanesischen Amium „*weinte*" sogar Olivenöl, jene von Brunssum in Holland dagegen Harz. Das letztgenannte Beispiel ist so einprägsam, weil so simpel. Es handelt sich um eine Statue aus Polyester, die Augen sind mit Kunstharz festgeklebt. Letzteres schmilzt, wenn es starken Sonnenstrahlen ausgesetzt ist. Die Madonna weint daher nicht aus Gram über das Elend und den Unglauben der Welt, sondern weil ihr heiß wird.

MOZART UND DER KURPFUSCHER

Vom sechsten Lebensjahr an wurde Johannes Chrysostomus Wolfgang Gottlieb von seinem ehrgeizigen und geschäftstüchtigen Vater Leopold Mozart als musikalisches Wunderkind in monate- und jahrelangen Konzertreisen durch Europa gehetzt. Die Welt lernte später dieses größte musikalische Genie unter den Namen Wolfgang Amadeus kennen. *„Amadeus“* ist die lateinische Form von Gottlieb, er selbst hat sich nie so genannt, sondern bevorzugte das französische *„Amadé“*.
In seinen sehr ausführlichen Reisebriefen berichtete Leopold Mozart eingehend über den jeweiligen Gesundheitszustand seiner Kinder. Als begeisteter und auch gebildeter medizinischer Dilettant behandelte er Krankheiten in der Familie meistens selber, ist er doch nur ungern *„gleich zum Arzt gelaufen“*. Auf Reisen führte er stets eine gutsortierte Apotheke mit. Die Reiseapotheken der damaligen Zeit waren Holzkassetten mit aufklappbaren Seitenflügeln, Glasfläschchen und Metalldosen dienten als Arzneibehälter. In kleinen Schubladen wurden Pillen und Pulver aufbewahrt, größere Schubfächer enthielten Pflaster, Spatel, Scheren und die wichtigen Aderlaß-Lanzetten.
Als die Mozarts am 21. Oktober 1762 in Schönbrunn bei Kaiser Franz Stephan und Maria Theresia vorspielten, erkrankte Wolfgang schwer. Der Vater schrieb nach Salzburg: *„Als er im Bette war, untersuchte ich die Orte, wo er die Schmerzen zu füllen vorgab; und ich fand etliche Flecken in der Größe eines Kreutzers, die sehr roth und etwas erhaben waren, auch bey dem Berühren ihm Schmerzen verursachten. Es waren aber nur an beiden Schinbeinen, an beiden Ellenbogen, und ein Paar am Podex; auch sehr*

wenig. Er hatte Hitzen, und wir gaben ihm Schwarz Pulver und Margrafen Pulver.“

Die Krankheit des kleinen Wolfgang war höchstwahrscheinlich ein *Erythema nodosum,* eine „rheumatische“ Knotenrose als allergische Hautreaktion auf eine bakterielle Streptokokkeninfektion. Was aber läßt sich über die Zusammensetzung der in der Familie Mozart sehr beliebten „Pulver“ sagen?

Margrafen-Pulver ist möglicherweise nach Andreas Sigismund Marggraf, dem Hofapotheker Friedrich Wilhelms I., benannt. Eine Angabe über die Zusammensetzung ist nicht überliefert, einige Inhaltsstoffe sind jedoch bekannt und abenteuerlich genug: *Lapis Bezoar Orientalis,* erzeugt aus dem Mageninhalt ostindischer Tiere und sagenhaft teuer; rote und weiße Korallen; Hirschhornspitzen; geraspeltes Elfenbein; Blattgold; Pfingstrosen- und Veilchenwurzeln, Eichenmistel u. a. m.

Leopold Mozart griff zu dem Mittel, *„wenn man erhitzt ist“* und verabreichte es bei *„Catarrhen“* oder *„hitzigen Krankheiten“*. Er kombinierte diese Medikation noch häufig mit dem *„Schwarz Pulver“* und empfahl sie, *„wenn keine Entzündung vorliegt“*. Die Bestandteile dieser Arznei waren exquisit: getrocknete, zerriebene Regenwürmer; Froschherzen; Einhorn; Plazenta; Myrrhe; menschlicher Hirnschädel und dergleichen mehr. Man glaubte ja, jede dieser Substanzen besitze eine besondere Kraft. Der entscheidende Bestandteil beim *„Schwarzpulver“* war die Jalappwurzel, der Schwarzrhabarber, ein drastisches Abführmittel. Man versprach sich davon eine Austreibung krankmachender Stoffe.

Aus Paris schrieb Leopold Mozart im Februar 1764 über eine fieberhafte Erkrankung des achtjährigen Wolfgang: *„Die Hitze, die ganz erstaunlich war, dämpfte ich nach und nach mit dem pulvre antispas: Hallen: und Gott lob, in 4. Tagen stund er wieder vom Bethe auf, und befindet sich nun wieder besser . . . Ich habe ihn dann mit ein wenig aqua laxat: Vien: laxieren machen; und nun ist er Gott lob, gut.“*

Das *Pulvis antispasmodicus hallensis* beinhaltete neben gepulverten Austernschalen vor allem Brechweinstein, Kaliumsulfat, Salpeter und Zinnober. Hauptbestandteile des *Wiener Laxierwassers* waren Sennesblätter, dazu Weinstein, Rhabarber, Mannasirup und Tamarindenmark. Solche Mittel sollten krankmachende Stoffe aus *„Magen und Därmen"* entfernen.
Im Herbst 1764, während des Englandaufenthaltes, war Leopold Mozart selbst schwer erkrankt, und er bat in einem Brief aus Chelsea bei London dringend um Rezepte für die inzwischen offenbar aufgebrauchten Mittel seiner Reiseapotheke. Schließlich war man bereits über ein Jahr von Salzburg weg.
„Ich bitte Sie, haben Sie die Güte und bitten Sie einen Herrn Medicum, daß er mir die folgende recepten auf ein kleines Blättchen Papier in Worte ausschreibe. Es muß auch alles ausgeschrieben sein, denn sie verstehen keine Signa chymica, weil die hiesigen Herrn Medici alles ausschreiben . . . denn außer dem Gewichtszeichen verstehen die hiesigen Apotheker nichts." Die gewünschten Rezepte hat Leopold selbst zusammengestellt und dann von einem Arzt gleichsam autorisieren lassen.
Auch während der ersten Italienreise forderte Leopold Mozart aus Salzburg Medikamente an. *„. . . wenn H. Secretair Troger noch in Salzburg: so gieb ihm ein paar schachterl von den berühmten Spilman Hansl Pillulen mit . . . Die Pillulen sind mir nothwendig, denn ich weis daß sie mir dienen, wenn mir, wegen der Verstopfung mein Schwindel kommt . . . Da ich nun erst 3 täge die Pillulen nehme verspiere ich, daß mir der Kopf leichter wird."*
Die Zusammensetzung dieser Pillen ist unbekannt, es dürfte sich um ein Abführmittel gehandelt haben, welches Leopold Mozart jedoch gegen Schwindel und Kopfweh einnahm. In herzerfrischend offener Art schrieb er dies auch 1771 an seine Frau: *„. . . deswegen habe ich wegen der Pillulen geschrieben. Ich will das der Arsch den Kopf curieren soll."*
Vater Mozart war ein umsichtiger und sparsamer Reisemarschall für die Konzerttourneen seiner Kinder. Köstlich ist seine

diesbezügliche Bemerkung nach Überquerung des Ärmelkanals auf der Reise nach England. „. . . *allein ohne Spei = übergaab ist es nicht abgegangen doch hat es mich am meisten hergenommen. Es war aber das geld ersparet, Medicin zum brechen einzunehmen. Und wir sind, Gott seye dank, alle gesund . . .*"
Manchmal ließ sich Mozart senior in seinen Briefen soweit hinreißen, daß er – wohl vom medizinischen Eifer übermannt – eine großartige Unterschrift wählte:
„*Ita*[7] *Clarißimus Dominus Doctor Leopoldus Mozartus*".
Dem ist wohl nichts hinzuzufügen als die Feststellung, daß Leopold Mozart nicht nur ein begnadeter musikalischer Lehrer seines Sohnes war, sondern auch ein begeisterter und besorgter „Arzt" der Familie.

7 „*Ita*" ist eine Beteuerung und Bekräftigung etwa im Sinne von „*so wahr ich lebe*" bzw. „*ja, so ist es*".

SIGMUND FREUD UND DAS KOKAIN

Im April 1884 war der 28jährige Sigmund Freud emsig dabei, sich in der Wissenschaft einen Namen zu machen und die wirtschaftliche Basis zur Gründung einer Familie zu schaffen. Er schrieb an seine Verlobte Martha Bernays: *„Ich lese von Cocain, dem wirksamen Bestandteil der Cocablätter, welche manche Indianerstämme kauen, um sich kräftig für Entbehrungen und Strapazen zu machen. Ein Deutscher hat nun dieses Mittel bei Soldaten versucht und wirklich angegeben, daß es wunderbar kräftig und leistungsfähig mache. Ich will mir nun das Mittel kommen lassen.“*

Wenige Tage später hatte Freud die Substanz in Händen. Innerhalb von sechs Wochen hat er etwa zwölfmal Kokain genommen und dabei die physischen und vor allem die psychischen Wirkungen genau beobachtet. Bald schon war er von der *„wunderbaren, stimulierenden Wirkung der Coca“* überzeugt, ja geradezu begeistert. Die Droge half ihm bei der Überwindung unangenehmer Stimmungstiefs und vertrieb Magenbeschwerden und Kopfschmerzen.

Bereits wenige Tage nach dem ersten Selbstversuch setzte Freud das Mittel aber auch therapeutisch ein, indem er es seinem Freund und Kollegen Dr. Ernst Fleischl von Marxow zur Unterstützung beim Entzug von Morphium empfahl. Fleischl litt an heftigen Schmerzen am Stumpf seines rechten Daumens, der nach einer Infektion hatte amputiert werden müssen, und war morphinabhängig. Die Entziehung schien tatsächlich zu gelingen, und Freud berichtete zunächst begeistert von dem Erfolg. Aber schon bald traten die Schmerzen wieder auf, der Entzie-

hungsversuch mußte abgebrochen werden, und Fleischl wurde unheilbar drogenabhängig und süchtig. Er starb im Delirium.
Freud selbst hat Kokain seit dem Frühsommer 1884 in Dosen von 50 bis 100 Milligramm eingenommen[8] und die euphorisierende, stimulierende und antidepressive Wirkung des Kokains an sich selbst schätzengelernt. Offenbar ist es ihm gelungen, die Droge über Jahre hin bei bestimmten Gelegenheiten gezielt einzusetzen, ohne sich daran zu gewöhnen oder die Dosis steigern zu müssen. Dies ist erstaunlich, da Freud – wie seine Abhängigkeit von Zigarren zeigte – eine suchtgefährdete Persönlichkeit war. Er nahm Kokain in Paris, bevor er zu einer großen Einladung ging. Er hatte Sorgen, ob er sich auf dem gesellschaftlichen Parkett richtig würde bewegen können, und freute sich danach, daß das Kokain ihm die Zunge gelöst hatte. Er bekämpfte mit dem Kokain einen Zustand, den er Neurasthenie nannte und der durch Beschwerden wie Hemmung, depressive Verstimmung, Zweifel an den eigenen Fähigkeiten und quälende Abhängigkeitsgefühle gekennzeichnet war.
Hat Freud, was naheliegt, das Kokain auch weitergegeben? Ja, es gibt Rezepte für Patienten, Kokainkonsum bei Freunden, und vor allem schickte Freud das *„Zaubermittel"* regelmäßig seiner Verlobten, warnte sie aber davor, sich daran zu gewöhnen. Soweit wir wissen, hat der Kokaingebrauch Freuds im Jahre 1886 ein Ende gefunden.
Nach heutigen Maßstäben gilt Sigmund Freud eindeutig sowohl als Konsument wie auch als Dealer von Kokain.
In seiner grundlegenden Publikation *„Über Coca"* hat Freud im Juli 1884 die Kokaineinnahme bei folgenden Anlässen empfohlen

– als Stimulans zur Erhöhung der Leisungsfähigkeit, *„weit kräftiger und unschädlicher als Alkohol"*

8 Diese Menge entspricht dem Quantum, welches gegenwärtig von Süchtigen konsumiert wird.

- bei Verdauungsstörungen zur Steigerung der Darmtätigkeit
- zur Appetitanregung
- in der Morphin- und Alkoholentwöhnung
- gegen Asthma
- als potenzsteigerndes Aphrodisiakum mit *„erregender Wirkung auf die Genitalsphäre“*
- zur örtlichen Schmerzbefreiung

Die Veröffentlichung endet mit den Worten: *„Anwendungen, die auf der anästhesierenden Eigenschaft des Cocains beruhen, dürfen sich wohl noch mehrere ergeben.“* Aus diesem zukunftsweisenden Satz hat Freud selbst allerdings nicht die entscheidenden Folgerungen gezogen.

Das Verdienst der Anwendung des Kokains zum Zwecke einer lokalen Betäubung des Gewebes gebührt seinem Studienkollegen und Freund, dem Augenarzt Carl Koller (1857–1944). Dieser testete im August 1884 den Effekt einer Kokainlösung an der Bindehaut eines Frosches. Nach einigen Minuten konnte das Auge ohne jegliche Reflexauslösung mit einem spitzen Gegenstand berührt werden. Die damit entdeckte Möglichkeit, bei lokaler Schmerzbetäubung am Auge operieren zu können, wurde mit Begeisterung aufgenommen. Freud selbst prägte den Spitznamen *„Coca-Koller“*. Das war eigentlich prophetisch, denn erst 1886 erfand der amerikanische Apotheker John Styth Pemberton ein Cocagetränk, das er *„Coca-Cola“* nannte und als Stimulans und Kopfschmerzmittel verkaufte. Nach fünf Jahren erwarb Asa Griggs Candler alle Herstellungs- und Vertriebsrechte an dem Getränk und gründete die *„Coca-Cola-Company“*, die noch heute das gesetzlich geschützte Patent zur Herstellung von Coca-Cola hat. Bis zum Jahr 1906 enthielt das Getränk Beigaben von Kokain, allerdings nur in winzigen Mengen. Dann aber verbot das amerikanische Lebensmittelgesetz jeglichen Kokainkonsum, außer zu medizinischen Zwecken. Seitdem enthält Coca-Cola Koffein.

Durch die zunehmenden antisemitischen Umtriebe aus Wien

verscheucht, wanderte Carl Koller 1888 nach Amerika aus und betrieb in New York eine gutgehende Praxis als Augenarzt. Mehrfach wurde er für den Nobelpreis vorgeschlagen, ebenso wie Sigmund Freud.

KOKAINKONSUMENTEN

Ein mit einem Kokainextrakt versetzter Wein kam 1863 als *„Vin Mariani"* auf den Markt und wurde bald sehr beliebt. Thomas Alva Edison, Robert Louis Stevenson, Jules Verne, Alexandre Dumas, Emile Zola, Henrik Ibsen, Sarah Bernhardt sowie Papst Leo der XIII. schätzten dieses Getränk sehr.
Im Jahr 1924 stellte man fest, daß die lizensierten Verkäufer (Apotheker, Großhändler) narkotischer Stoffe in Österreich 210 Kilo Kokain erhalten hatten. Der Verbrauch für medizinische Anwendungen, z. B. lokale Schmerzbetäubung, betrug jedoch nicht mehr als 60 Kilo. Dementsprechend wurden 150 Kilogramm der Droge entweder „geschnupft" oder ins Ausland weiterverkauft.
Prominente Kokainkonsumenten sind heutzutage keine Seltenheit, denn völlig zu Unrecht wird die Einnahme von Kokain als Kavaliersdelikt angesehen. Fest steht, daß Kokain ein schweres Suchtgift ist, das nicht kontrollierbare Schäden im Körper hinterläßt.

ÜBER DEN ZUFALL

Der Zufall ist manchmal entscheidend für unser Leben. Aber was ist Zufall? Ein Gewinn im Glücksspiel? Eine unerwartete Begegnung? Ein paar Sekunden, die ausschlaggebend sind, um nicht in einen Massenunfall oder eine Naturkatastrophe zu geraten, einer Krankheitsepidemie zu entgehen?
Das Glanzstück an Kuriositäten des Zufalls liefern vielleicht die „Parallelen“ beim Tod der amerikanischen Präsidenten *Abraham Lincoln* (1809–1865) und *John F. Kennedy* (1917–1963). Es wäre verständlich, wenn man bei solchen Ereignissen beginnt, an Wunder zu glauben!

> Glaubt an den Zufall, es gibt ihn.
> Glaubt nicht an Wunder – wer sollte sie bewirken?

Beide Präsidenten wurden an einem Freitag vor einem hohen Feiertag ermordet: *Lincoln* Karfreitag, *Kennedy* vor dem Erntedankfest. Beide wurden in Gegenwart ihrer Frauen, die neben ihnen saßen, durch Schüsse in den Hinterkopf getötet.
Beide hatten drei Kinder, von denen je ein Sohn während ihrer Präsidentschaft starb: William Lincoln und Patrick Kennedy. Bevor sie Präsidenten wurden, starb jedem eine Schwester.
Sie wurden in einem 47er Jahr in den Kongreß gewählt und bewarben sich in einem 56er Jahr um die Vizepräsidentschaft ihrer Partei. Sie waren Mitglieder des Repräsentantenhauses, bevor sie Präsidenten wurden, und zitierten gerne Shakespeare und die Bibel.

Sie setzten sich für die Lösung der Probleme der schwarzen Bevölkerung ein: *Lincoln* verkündete 1863 die Erklärung der Sklavenbefreiung, *Kennedy* 1963 die *„Civil Rights Message"*.
Beide benutzten gerne einen Schaukelstuhl, *Lincoln* sogar, wenn er ins Theater ging, um sich nach einem harten Arbeitstag zu entspannen, *Kennedy*, weil er ihn von seinen ständigen Rückenschmerzen entlastete. Die Frauen beider Präsidenten waren 24 Jahre alt, als sie heirateten, und blieben bei den Attentaten unverletzt, obwohl sie dicht neben ihren Männern saßen.
Hingegen wurden die Begleiter der Präsidenten verwundet. Major *Rothborne* vom Jagdmesser des Lincoln-Mörders, als er sich auf ihn stürzte, Gouverneur *Connallys* Arm verletzte die gleiche Kugel, die *Kennedys* Genick durchschlagen hatte.
Das Theater, in dem *Lincoln* ermordet wurde, hieß Ford-Theater. Das Auto, in dem *Kennedy* fuhr, war ein Ford der Marke Lincoln. Der Sekretär *Lincolns* hieß Kennedy und riet ihm ab, ins Theater zu gehen. Der Sekretär *Kennedys* hieß Lincoln und riet ihm ab, nach Dallas zu fahren.
Die Nachfolger beider Präsidenten hießen *Johnson.*
Die Attentäter *Booth* und *Oswald* waren Südstaatler und hingen wirren Ideen an. *Booth* erschoß *Lincoln* in einem Theater und lief nach dem Attentat zu einem Lagerhaus. *Oswald* erschoß *Kennedy* aus einem Lagerhaus und lief nach dem Attentat zu einem Filmtheater.
Beide Attentäter wurden getötet, bevor sie vor ein ordentliches Gericht gestellt werden konnten. Selbst die Mörder der Mörder weisen Gemeinsamkeiten auf. Jack *Ruby* wie auch Boston *Corbett* galten als gewalttätig; jeder feuerte nur einen Schuß ab, um sein Opfer zu töten. Jeder benutzte einen Colt.
Wichtige Lebensdaten der Beteiligten liegen genau hundert Jahre auseinander. *Lincoln* wurde 1860 zum Präsidenten gewählt. *Kennedy* 1960. Der Lincoln-Nachfolger Andrew *Johnson* wurde 1808 geboren, der Kennedy-Nachfolger Lyndon *Johnson* 1908.

Die Namen *Lincoln* und *Kennedy* bestehen aus je sieben, die Namen *Andrew Johnson* und *Lyndon Johnson* aus je 13, die Namen der Attentäter *John Wilkes Booth* und *Lee Harvey Oswald* aus je 15 Buchstaben.
Jacqueline *Kennedy* wünschte, daß ihr Mann aufgebahrt werde wie *Lincoln:* im Ostraum des Weißen Hauses auf dem gleichen Katafalk.
Die Anhäufung dieser Parallelen ist so verblüffend, daß man es kaum für möglich halten mag.
Ein Freund fragte *John F. Kennedy* einmal, wie er sterben wolle. Nach einem kurzen Augenblick des Nachdenkens antwortete Jack: *„Oh, durch einen Schuß. Du erfährst nie, was dich getroffen hat. Ein Schuß ist die beste Lösung."*

DER MENSCHLICHE KÖRPER ALS RECYCLINGOBJEKT

Recycling bedeutet *„Wiederverwertung bereits gebrauchter Produkte"*. Was den menschlichen Körper betrifft, so ist dieser Wunsch uralt: defekte Organe durch gesunde ersetzen.
An einer Wiederverwertung von Teilen des menschlichen Körpers besteht medizinisch, aber auch wirtschaftlich großes Interesse. Der Mensch ist als Ersatzteillieferant, als Organspender, als Recyclingobjekt, ungemein wichtig geworden.
In der Nomenklatur der Wirtschaft bedeutet dies: Ein Mensch wird erst dann richtig wertvoll, wenn er tot ist!
Aber ganz tot darf er nicht sein, die benötigten Organe müssen noch funktionieren.
Für die Wiederverwertung von Organen ergeben sich verschiedene Möglichkeiten.

DIE ENTNAHME VON ORGANEN ZUR TRANSPLANTATION

Etwa 250.000 Nieren, 16.000 Herzen, 4.000 Lebern und 3.000 Bauchspeicheldrüsen sind in den vergangenen 30 Jahren weltweit transplantiert worden. Das Kleinmaterial wie Haut, Knochen, Hornhaut des Auges und dergleichen wird gar nicht mehr gezählt.
Durch eine beispiellos ausgezeichnete Gesetzgebung ist es in Österreich möglich, *„verstorbenen Personen einzelne Organe zu entnehmen, um durch Transplantation das Leben eines anderen*

Menschen zu retten". In Deutschland hingegen ist eine Einverständniserklärung der jeweiligen Person notwendig.
Trotzdem kann Österreich sich nicht selbst versorgen und ist auf internationale Organspenden angewiesen.

ORGANHANDEL

Schon seit dem Altertum wurde mit menschlichem „Abfall" Handel getrieben. Zerstoßene und zerriebene „Mumien", also einbalsamierte Menschen, kamen als Heilmittel zum Verkauf. Bis 1834 war in österreichischen Apotheken *„Mumia vera aegyptica"* vorrätig, als beliebtes Mittel zur allgemeinen Kräftigung für Mensch und Tier. Desgleichen gab es *„Axungia hominis"*, das Armesünderfett, gewonnen aus Hingerichteten, welches zur Bereitung von Salben verwendet wurde.
Auch heute werden aus Leichenteilen Heilmittel erzeugt, die harte Hirnhaut etwa liefert Deckmaterial für Wunden, Knochenstücke werden als Füllgewebe bei Operationen am Skelettsystem gebraucht.
Wie weit ein Organhandel heute in kriminelle Bereiche gewandert ist, läßt sich kaum abschätzen. Fest steht, daß es sich dabei um das erbärmlichste Geschäft handelt, das unter Menschen gemacht werden kann.

SCHWANGERSCHAFTSABFALL ALS KOMMERZPRODUKT

Ein Handel mit Plazenten, den Mutterkuchen, ist legal, *„sofern die Plazenten für die Herstellung von biogenen Arzneimitteln verwendet werden"*, wobei *„die Frauen vor der Geburt zu informieren"* sind. Aus der Plazenta werden Eiweißkörper gewonnen, die als Heilmittel eingesetzt werden.

Doch neben der pharmazeutischen Industrie interessiert sich auch die Kosmetikaherstellung für Plazenten. Aus Plazenten und angeblich auch aus Embryonen werden kosmetische Cremen erzeugt und mit großem Profit verkauft. Schönheits- bzw. Jugendlichkeitssalben sind jedoch keine Heilmittel. Dazu ist lediglich zu sagen: Diese Mittel helfen nur dem Hersteller sowie dem Apotheker bzw. Drogisten. Von der Presse wurde auch gleich ein bemerkenswertes Szenario konstruiert: *„Da kann der absurde Fall eintreten, daß eine Frau sich die Zellen ihres eigenen Kindes ins Gesicht schmiert!"*

RECYCLINGPROBLEME BEIM ORGANERSATZ

Als Heinrich Schliemann 1876 die Königsgräber in Mykene öffnete, fand er goldene Gesichtsmasken von unfaßbarer Schönheit. Aufgeregt telegraphierte er sofort: *„Ich habe dem Agamemnon ins Antlitz geblickt!"* Das war zwar schön gesagt, aber falsch.

Wenn in ferner Zukunft unsere Gräber geöffnet werden, wird man ganz andere Dinge finden: Metallgelenke, Herzschrittmacher, Glasaugen, Zahnprothesen, Silikonkissen als Rest einer Brustplastik sowie unverrottbare Kunststoffhoden. Dies ist nur eine kleine Auswahl – aber diese Ersatzteile sind kaum zerstörbar, fast für die Ewigkeit bestimmt. Vielleicht werden sich die Archäologen in ferner Zukunft wundern.

QUANTITÄT UND QUALITÄT DES MENSCHLICHEN LEICHNAMS

In Deutschland ereignen sich etwa 2.400 Todesfälle pro Tag, das sind 885.000 im Jahr. Rechnet man 70 Kilo Körpergewicht je Person, ergibt dies die stattliche Zahl von 61.950.000 Kilo (61.950 Tonnen) Leichen. In Österreich sind es ungefähr 227 Todesfälle pro Tag, also 83.000 Leichen oder 5.810 Tonnen Leichen pro Jahr.

Etwa 135.000 (in Österreich 13.000) Verstorbene werden in Krematorien verbrannt, verbleiben 750.000 (70.000) Erdbestattungen. Dafür muß zunächst einmal Platz geschaffen werden; wir kennen das allgemeine Phänomen – die Friedhöfe werden größer.

Daß die Umwelt solche Quantitäten überhaupt verkraften kann, ist auf biologisches Recycling zurückzuführen. Es geht ganz einfach darum, daß Materialbausteine im Laufe des Wechsels der Generationen immer wieder verwendet werden – sonst würde ja die Gesamtmasse der Erde mit jeder Geburt ständig zunehmen. Dieses Naturgesetz eines Recyclings der Bausteine und deren Übertragung durch viele Generationen macht allerdings den Glauben an eine *„Wiederauferstehung des Fleisches“* gemäß *Johannes 5,25* oder *Offenbarung 20,11* unmöglich!

Eine solche Auferstehung – wann auch immer – wäre nur bei strukturell in den Einzelbestandteilen komplett gebliebenen Individuen denkbar.

WAS SIND DAS FÜR BESTANDTEILE?

Ein 75 Kilo schwerer Mensch besteht aus 40 Kilo Sauerstoff, 20 Kilo Kohlenstoff, 7 Kilo Wasserstoff, 3 Kilo Stickstoff, 2 Kilo Kalzium, 1 Kilo Phosphor. Der Rest von 2 Kilo verteilt sich auf die verschiedensten anderen Substanzen.
Wasser macht 65 Prozent des Gewichtes aus.
Die Körperoberfläche eines Erwachsenen beträgt etwa 19.000 Quadratzentimeter, das entspricht einem Quadrat von 138 Zentimetern Seitenlänge bzw. 1,9 Quadratmetern Fläche.
Das Volumen des Erwachsenen beträgt rund 65.000 Kubikzentimeter, das ist ein Würfel von 40 Zentimetern Seitenlänge.
Der reine Materialwert des Menschen, also die Kosten der *„Hardware“*, ist gering; um den Preis eines Buches sind die Substanzen zu kaufen. Die *„Software“* ist nicht erhältlich.

ÖKOLOGISCHE UND ÖKONOMISCHE BILANZ

Der menschliche Körper ist zwar spottbillig, aber das Sterben ist teuer. 3.500 Mark – 25.000 Schilling – und mehr sind als Kosten für einen Patienten pro Tag auf einer Intensivstation meist nicht zu knapp kalkuliert. Das billigste wäre, zu Hause zu sterben, aber das findet immer seltener statt.
Ökologisch belastend ist nicht nur die Quantität und der ständig größer werdende Raumbedarf der Leichen, sondern in zunehmendem Ausmaß auch diverse Sonderausstattungen. Nicht zu vergessen der Sarg, wobei Tropenhölzer erst seit wenigen Jahren verboten sind. Dazu kommen noch Kranzgebinde aus Metall, Grußschleifen, Grablichter aus Plastik, ja auch Kunstblumen. Der Friedhofsmüll nimmt gigantisch zu.
In Wien fallen darüber hinaus jährlich 2.200 Tonnen Kunststein an, als Überbleibsel von aufgelassenen Gräbern. Sie werden als Rohstoff für den Straßenbau verwendet.

Erste Lösungen zeichnen sich ab: Der faltbare Öko-Sarg aus Altpapier, „*Peace Box*“ genannt, ist komplett biologisch abbaubar.
Dennoch stimmt eines nachdenklich: Nach Aussage amerikanischer Bestattungsinstitute zersetzen sich die Leichen heute langsamer als früher. Der Grund für dieses erstaunliche Phänomen wird in den zunehmenden Mengen an Konservierungsmitteln in der Nahrung vermutet.
Ob das stimmt?

MUMIEN GIBT ES NICHT

Im allgemeinen Sprachgebrauch werden die Begriffe *Konservieren, Balsamieren* und *Mumifizieren* als gleichwertig verwendet. Es handelt sich aber um ganz unterschiedliche Vorgänge, denen nur das Bemühen um die Erhaltung der sogenannten *„sterblichen Überreste"* des Menschen gemeinsam ist.

Konservieren
ist das modernste Verfahren. Es geht um die völlig naturgetreue Erhaltung der äußeren und inneren Form von Körper und Organen. Dies erfolgt durch Einspritzen von Konservierungsflüssigkeit – meistens Formaldehyd – in die Blutgefäße.

Balsamieren
ist eine schon sehr alte Methode, die darauf beruht, den Körper durch Behandlung mit Salzen, Laugen und ätherischen Ölen auszutrocknen. Im Prinzip ist es eine Art des *„Einpökelns"*. Die Körperformen werden allerdings dabei verzerrt, die Organe sind brüchig, schwarz und kleiner.

Mumifizieren
Dieser Begriff ist eigentlich falsch. Der Ausdruck *„Mumie"* ist zwar in der Tradition verwurzelt und gebräuchlich, taucht aber in keinem ägyptischen Text auf, sondern entstammt einer Verwechslung. *„Mumie"* kommt aus dem persischen Wort für *Asphalt* und *Bitumenstoffe*. Um 1200 n. Chr. kaufte ein Arzt aus Bagdad in Kairo den Inhalt von drei mumifizierten Schädeln und erklärte, daß die Substanz darin dem Bitumen nahe ver-

wandt sei. Folglich hat sich wegen ihres schwärzlichen Aussehens im weiteren Verlauf der Geschichte der Glaube festgesetzt, daß die Ägypter ihre Leichen mit Bitumen behandelten, eine irrige Auffassung, was die klassische Periode betrifft.

In allen religiösen Vorstellungen und Mythen der Menschheit findet sich, soweit wir die Geschichte zurückverfolgen können, etwa sinngemäß der Satz: *„Bedenke Mensch, daß du Staub bist und Staub wieder werden wirst."* Diese Worte formulieren ein Naturgesetz, denn jeder tote menschliche oder tierische Körper unterliegt einem Zerfall, der letztendlich im wahrsten Sinne des Wortes zu Staub führt. Und dagegen haben sich die Menschen fast aller Kulturkreise zumindest teilweise aufgelehnt. Das Bestreben war, nicht spurlos von dieser Welt zu verschwinden. Im Gegenteil, man bemühte sich, die toten Körper zu erhalten, die Verstorbenen damit an den Bereich der Lebenden zu binden, sie vielleicht zu einem Weiterwirken im Dienste der Nachkommen zu veranlassen. Das und der Glaube an ein Weiterleben nach dem Tode sind die kulturgeschichtlichen Wurzeln der konservierenden Bestattungsmethoden.

Ägypten ist zweifellos das klassische Land der Balsamierung, die Funde reichen hier auch am weitesten in die Vergangenheit zurück. Außerhalb Ägyptens waren es vor allem die Hochkulturen des vorkolumbianischen Südamerika, doch es gibt auch Funde aus Asien, Australien, Polynesien, Neuguinea wie auch – man möchte es fast nicht glauben – von einem der beliebtesten Urlaubsziele, den Kanarischen Inseln.

Allerdings entwickelte sich die Kunstfertigkeit, Leichen zu erhalten, bei den Ägyptern zu besonderer Blüte. Abgesehen von den Schilderungen bei *Herodot* und *Diodor* gibt es zwei Papyri mit ziemlich detaillierten technischen Anweisungen zur Balsamierung. Die Einbalsamierer waren eine Zunft von ausgesprochenen Spezialisten mit eigenen Werkstätten, der Beruf wurde in der Regel in der Familie von Generation zu Generation vererbt. Was die Technik betrifft, so liefen eine Vielzahl von methodischen Schritten nacheinander ab – eine Balsamierung dauerte immerhin zwischen 40 und 70 Tage.

1. Reinigung des Leichnams mit Natronlösung, d. h. Desinfektion.
2. Instrumentelle Entfernung des Gehirns durch die Nase.
3. Herausnehmen der Eingeweide durch einen Schnitt im Unterbauch. Das Herz als Sitz der Persönlichkeit wurde belassen.
4. Die Eingeweide wurden gesondert behandelt und in eigenen Gefäßen, den *Kanopen,* aufbewahrt.
5. Austrocknen des Körpers. Die Mittel dazu waren schlicht die Ablagerungen der ägyptischen Salzseen. *„Natron"* ist ein ägyptisches Wort für Soda. Es handelt sich also um ein *„Einsalzen"!*
6. Mit Mischungen aus flüssigem Harz, Ölen, Salben, Kräutern und manchmal eben auch Bitumen wurden die Körperhöhlen ausgegossen.
7. Bandagieren zu einem hermetisch abgedichteten Paket.

Je nach Preisklasse wurden weitere Substanzen verwendet, die man z. T. noch heute in der Kosmetikindustrie und damit in der Werbung wiederfindet: Kopaiva, Myrrhe, Weihrauch, Zedernöl, Kümmelöl, Harze, Wachs, Honig, Henna und Safran.
Heute dient als Konservierungsflüssigkeit, die in das Gefäßsystem injiziert wird, entweder Formaldehyd oder Karbolsäure, wobei zu erwarten ist, daß auch bei schlechten Bestattungsbedingungen (ein undichter und feuchter Sarg) die Körper zumindest mehrere Jahre erhalten bleiben.

Wenn man aber in Wien an Leichenkonservierungen denkt, so darf man an der *Kapuzinergruft,* der Begräbnisstätte der Habsburger seit 1633, nicht vorübergehen. Bei fast allen Angehörigen des ehemaligen Kaiserhauses wurde nach althergebrachtem Brauch eine Sektion zwecks Balsamierung vorgenommen, d. h., es ist nur der Leib ohne die inneren Organe in der Gruft bestattet. Nach der Öffnung der Toten entnahm man die Herzen und konservierte sie gesondert in Silberbechern, in denen sie im sogenannten *„Herzgrüftl"* in der Augustinerkirche aufbewahrt wurden. Die Urnen mit den Eingeweiden kamen in die Katakomben von Sankt Stephan und erhielten einen Platz in der alten Herzogsgruft.
Bei der Konservierung des Leichnams von *Kaiser Franz Joseph I.* (1830–1916) ist anscheinend eine Panne passiert.
Folgendes Protokoll wurde von den beteiligten Ärzten verfaßt:

An das hohe Obersthofmeisteramt seiner Majestät in Wien
Protokoll
aufgenommen am 23. November 1916 über die Conservierung der Leiche seiner Majestät des Kaisers Franz Joseph I. vom Gefertigten in Gegenwart der zwei mitunterschriebenen behandelnden Ärzte. Die beiden grossen Halsschlagadern werden freigelegt, in dieselben werden Kanülen eingebunden und sodann mit Formalin in concentriertem Zustand in den Kopf einerseits, in den Rumpf andererseits eingespritzt in der Menge von 5 Litern. Schließlich werden die gesetzten Halswunden vernäht.

Prof. Dr. Alexander Kolisko
Leibarzt Dr. R. v. Kerzl
Prof. Dr. Norbert Ortner

Dies ist der in der Wiener Medizinischen Schule bis heute traditionelle Wortlaut eines Konservierungsprotokolls. Bei einer auf diese Weise sachgemäß durchgeführten Konservierung ist mit einem guten Erhaltungszustand des Körpers zu rechnen.
Egon Caesar Conte Corti, Biograph des Hauses Habsburg mit ausgezeichneten Informationsquellen, schreibt über die Aufbahrung:
„Während dieser Zeit veränderte sich das Antlitz des Toten und die seinen Untertanen so vertrauten Züge werden kaum noch erkennbar. Die Ärzte haben bei der noch nicht oft geübten neuen Balsamierungsart einen Kunstfehler begangen.“

Es ist denkbar, daß infolge hochgradig arteriosklerotisch eingeengter Blutgefäße zuwenig Konservierungsflüssigkeit in die kleinen Hautgefäße gelangte und daher die natürlichen postmortalen Veränderungen frühzeitig auftraten. Bei einem zur öffentlichen Aufbahrung bestimmten Leichnam darf das natürlich nicht geschehen.

DER KONSERVIERTE LENIN

Die weitaus komplizierteste Leichenkonservierung war jene von *Lenin* (1870–1924) – allerdings hat der Leichnam auf diese Weise schon mehr als 70 Jahre überdauert. Das Gesicht wurde mit Vaseline und Paraffin unterspritzt, um Falten immer wieder ausgleichen zu können. Der Anzug ist von hinten leicht zu öffnen, darunter steckt die Leiche in einem der Körperform angepaßten Gummiüberzug, welcher mit einfach auszutauschender Konservierungsflüssigkeit gefüllt ist. Die sichtbaren Hautstellen wie Gesicht und Hände werden laufend auf Befall durch Schimmelpilze untersucht und zweimal pro Woche dementsprechend behandelt. Ein Drittel der Haut, mehrere Fingerkuppen sowie das gesamte Kopf- und Barthaar sind bereits

komplett ausgetauscht. Eine Generalrenovierung in einem Konservierungsbad sowie die Erneuerung der Bekleidung erfolgt alle 16 Monate.
Unter dem Mausoleum an der Kremlmauer befindet sich die Schaltzentrale für die Klimaanlage, da 15 Grad Raumtemperatur sowie die Luftfeuchtigkeit konstant gehalten werden müssen. Das alles ist sehr teuer und kostet pro Jahr mehr als eine Million Rubel. Wie lange wird sich das erneuerte Rußland noch den alten Lenin leisten können?
Am 23. April 1997 erschien folgende Meldung in der Tageszeitung „*Kurier*".

> *Jelzins Alptraum:*
> *Ein geklonter Lenin*
>
> *Zu Lenins 127. Geburtstag ist eine neue Debatte ausgebrochen, was mit der Leiche des Gründers der Sowjetunion geschehen soll. Die Kommunisten möchten ihn für alle Zeiten im Mausoleum am Roten Platz belassen, Präsident Jelzin hat vorgeschlagen, Lenin in St. Petersburg im Grab seiner Mutter zu bestatten. Seit mehr als 70 Jahren wird der Leichnam mit Hilfe einer geheimen chemischen Mischung perfekt konserviert. So perfekt, daß es nach Angaben des russischen Biologen Bykow auch möglich wäre, einen Klon von Wladimir Iljitsch L. zu produzieren: „Der genetische Code des Körpers ist erhalten worden."* [9] *Andere Experten halten dies für reine Spekulation.*

Manchmal mußte zum Zweck der Leichenkonservierung auch improvisiert werden. *Horatio Viscount Nelson* wurde als 47jähri-

9 Diese Aussage ist absurd, die Träger der Erbinformation wurden durch die chemische Fixierung denaturiert. Außerdem würde eine „pluripotente Stammzelle" benötigt, welche die Entstehung aller Organe steuern könnte. Lenin kehrt also nicht wieder.

ger während der Seeschlacht bei Trafalgar (1805) durch einen französischen Scharfschützen getötet. Der Leichnam, bei dem die Kugel in der Wirbelsäule steckte, wurde in ein Faß gelegt, da es an Bord nicht genügend Blei für einen Sarg gab. Das Faß wurde mit Kognak gefüllt, der für den Zweck der Konservierung nach Ansicht des Arztes geeigneter erschien als Rum. Für das beste Mittel hielt man Weinspiritus, von dem jedoch nicht genügend an Bord war. Der Brandy wurde mehrfach ausgetauscht. Vier Wochen später wurde schließlich in Gibraltar der Leichnam, der noch immer in Kognak, Kampfer und Myrrhe lag, in den eigentlichen Sarg umgebettet. Dieser war bereits nach der Schlacht bei Abukir aus dem Hauptmast des französischen Führungsschiffes *„L'Orient"* angefertigt und Nelson von seinem Freund Kapitän Hollowell zum Geschenk gemacht worden. Das Schiff mit dem Leichnam Nelsons traf am 5. Dezember, also eineinhalb Monate nach seinem Tod, in England ein. Er wurde mit großem Gepränge bestattet.

Eine einfachere Methode zur Erhaltung des Leichnams wurde bei *Johann Wolfgang van Goethe* angewendet. Die Leiche des am 22. März 1832 Verstorbenen wurde im Haus am Frauenplan in Weimar aufgebahrt, Besucher konnten ihn noch einmal sehen. Seit dem Todestag, also vier Tage lang, ist zu diesem Zweck der Leichnam in Goethes Arbeitszimmer *„in Eis mit Sorgfalt gut erhalten worden"*. Danach fand das Staatsbegräbnis statt.

ÜBER DEN SCHEINTOD

Gibt es einen Scheintod? Ja, genauso wie es eine *Scheinfirma,* eine *Scheinheiligkeit* oder eine *Scheinträchtigkeit bei Tieren* gibt. Das Phänomen ist das gleiche, *„es schaut so aus, als ob"*.
Ist es möglich, als Scheintoter begraben zu werden? Ja, aber sehr unwahrscheinlich, und noch viel unwahrscheinlicher ist es, im Sarg spontan wieder aufzuwachen.

DER FALL ERNA W.

19. Februar 1991, früher Vormittag: Der Neffe findet die 78jährige Frau ohne Lebenszeichen in der Wohnung auf. Eine Notärztin stellt um 9 Uhr den Tod fest. Der Totenbeschauarzt kommt um 12 Uhr und „diagnostiziert": Herzinfarkt. Er setzt den Eintritt des Todes mit 18. Februar, 20 Uhr, an. Eine Todesbescheinigung wird ausgestellt.
19. Februar, gegen 19 Uhr: Die Leichenbestattung kommt, nach dem Einsargen in den Transportsarg gibt die Frau plötzlich Lebenszeichen von sich. Bei der sofortigen Einlieferung in die Intensivstation eines Krankenhauses wird eine Unterkühlung und Schlafmitteleinnahme festgestellt. Die Frau lebt noch.
21. Februar, 9 Uhr 15: Tod der Patientin, die das Bewußtsein nicht mehr erlangt hat.
Es ist passiert, was nicht passieren dürfte!
Eindeutige Fehler des Totenbeschauarztes, aber auch der Notärztin führten zur ungerechtfertigten Annahme eines bereits eingetretenen Todes.

WAS IST SCHEINTOD?

Als Scheintod bezeichnet man den Zustand eines Organismus, in welchem die Lebensfunktionen auf ein solches Minimum herabgesetzt sind, daß der Eindruck der Leblosigkeit entsteht. Man spricht von *Vita minima,* was bedeutet, daß *der Mensch lebt.*

Die wichtigsten Ursachen für einen solchen Zustand werden oft nach Merkvokalen zusammengefaßt:

A – Alkoholvergiftung
Anoxie, d. h. Sauerstoffmangel
Anämie, d. h. Blutverlust
Azetongeruch, d. h. Koma bei Zuckerkrankheit

E – Elektrizität, d. h. Stromunfall einschließlich Blitzschlag
Epilepsie

I – Injury, d. h. Schädel-Hirn-Trauma

O – Opiate, d. h. Schlaf- und Suchtmittel

U – Unterkühlung
Urämie, d. h. Nierenversagen mit Harnvergiftung

Vor allem eine Unterkühlung in Kombination mit Alkohol und zentralnervös-dämpfenden Pharmaka kann einen scheintodartigen Zustand hervorrufen. Das Auftreten von Totenflecken und Totenstarre hingegen ist ein sicherer Beweis für den eingetretenen Tod!

Viele Prominente hatten Angst vor dem Scheintod.

Hans Christian Andersen (1805–1875) legte jeden Abend einen Zettel mit den Worten *„Achtung, ich bin nur scheintot!"* neben sein Bett.

Giacomo Meyerbeer (1791–1864) trug ständig eine letztwillige Verfügung bei sich, deren Finder 1.000 Taler Belohnung erhalten solle und worin er eine längere Frist vor der Bestattung erbat.

Arthur Schopenhauer (1788–1860) hatte testamentarisch festgesetzt, daß man ihn noch sechs Tage nach seinem Ableben unangetastet in seinem Bett liegen lassen solle.

Arthur Schnitzler (1862–1931) verfügte, daß an seinem Leichnam ein *„Herzstich“* durchgeführt wurde.
Johann Nestroy (1801–1862) schrieb in seinem Testament:
„Das einzige, was ich beym Tode fürchte, liegt in der Idee der Möglichkeit des Lebendigbegrabenwerdens. Unsere Gepflogenheiten gewähren in dieser höchstwichtigen Sache eine nur sehr mangelhafte Sicherheit. Die Todtenbeschau heißt so viel wie gar nichts, und die medizinische Wissenschaft ist leider noch in einem Stadium, daß die Doctoren – selbst wenn sie einem umgebracht haben – nicht einmal gewiß wissen, ob er todt ist. Das in die Erde verscharrt werden ist an und für sich ein widerlicher Gedanke, der durch das obligate Sargzunageln noch widerlicher wird. Mit einem Stoßseufzer denke ich hier unwillkürlich, wie schön war das Verbranntwerden – als Leiche nehmlich – wo die Substanzen in die freyen Lüfte verdampfen, und die Asche in einer schönen Urne bey zurückgelassenen Angehörigen in einem netten Kabinetchen stehen bleiben konnte. So that man vor Zweitausend Jahren, aber freylich, bis die Menschen wieder so gescheidt werden . . .“
Bei soviel Angst vor dem Scheintod lag die Konstruktion von Apparaturen gegen das Lebendigbegrabenwerden nahe. Besondere Berühmtheit erlangte der *„Rettungswecker“*: eine um die Hand der im Sarg aufgebahrten Person gewickelte Schnur löste bei der geringsten Bewegung ein Läutwerk beim Friedhofswärter aus. Da diese Maschine in Wien lediglich am Währinger Friedhof vorhanden war, wollten sich Tausende Wiener nur noch dort begraben lassen.

Zu bedenken ist jedenfalls:
1. Tot ist nur der, bei dem Totenstarre und Totenflecke eindeutig nachzuweisen sind.
2. Die Chance, mit dem Fall eines sogenannten *„Scheintoten“* zusammenzutreffen, ist wie beim Lotto – die Unwahrscheinlichkeit geht in die Millionen. Aber alles ist möglich.

François Gayot de Pitaval berichtete in seinen *„Causes célèbres et intéressantes“* (1734):
Ein junger Mann von Adel wurde gezwungen, in einen geistlichen Orden einzutreten. Als er sein Gelübde abgelegt, die Weihe aber noch nicht empfangen hatte, mußte er eine Reise antreten. In einem der Gasthöfe, in dem er abstieg, fand er Wirt und Wirtin in größter Betrübnis, weil ihre einzige Tochter gestorben war. Sie sollte am kommenden Tag beerdigt werden, und man bat den angehenden Mönch, nachts zu wachen und Gebete zu sprechen. Als er an der Bahre des Mädchens stand, wollte er sich selbst von ihrer großen Schönheit, die man ihm gerühmt hatte, überzeugen. Er deckte ihr Gesicht auf in der Erwartung, das durch Todesangst entstellte Gesicht einer Leiche zu sehen. Er fand aber so reizende Züge, daß er seine Gelübde vergaß und *„sich bei dieser Person eben die Freiheiten herausnahm, welche bei Lebzeiten die Ehe hätte erlaubt machen können“*. Nachdem er seine Begier gestillt hatte, erwog er die Häßlichkeit seiner Tat, und aus Scham über sein Verbrechen reiste er frühzeitig ab.
Als man das Mädchen im verschlossenen Sarg zu Grabe trug, wurde eine Bewegung darin bemerkt. Man öffnete den Sarg, fand das Mädchen lebendig, brachte es zu Bett, und in kurzer Zeit war es wieder gesund. Bald darauf aber mußte man erkennen, daß die Wirtstochter schwanger war. Sie konnte aber auf alle Fragen keine Antwort geben, da sie sich an nichts erinnerte. Sie brachte unter Tränen und Vorwüfen ihr Kind zur Welt und flüchtete in ein Kloster.
Inzwischen war der junge Mann, der keine weiteren Folgen seines Verbrechens ahnte, genötigt, wieder durch jene Stadt zu reisen. Er stieg im gleichen Gasthof ab wie damals, brauchte aber nicht zu befürchten, wiedererkannt zu werden, denn als einziger Sohn hatte er nach dem Tode seines Vaters ein ansehnliches Vermögen geerbt, sich seiner Gelübde entbinden lassen

und war nun, wie zuvor, ein junger und reicher adeliger Herr. Er traf Wirt und Wirtin wieder in größter Betrübnis. Teilnehmend erkundigte er sich nach ihrem Kummer und erfuhr die ganze Geschichte. Sofort machte er sich nach jenem Kloster auf und fand das Mädchen noch schöner wieder. Er begehrte es zur Ehe, der Antrag wurde angenommen und das Kind als ehelich von ihm anerkannt.

Im Gothaer „*Noth- und Hülfsbüchlein für Bauersleute*" aus 1788 liest man im Kapitel über Ratschläge zur Verhütung des Lebendigbegrabenwerdens:
„*Es gibt aber kein ganz gewisses Zeichen des wirklichen Todes, als den faulen Geruch. Dieses muß man bei jedem Verstorbenen abwarten, ehe man ihn begräbt. Aber länger braucht man nicht zu warten.*
Damit nun kein Mensch begraben werde, ehe diese Zeichen wirklich da sind:

- *Muß jeder Hausvater, der kein Mörder an den Seinigen werden will, selbst darauf sehen, daß aus seinem Hause keine Leiche eher hinausgetragen werde, bis sie anfängt, nach der Verwesung und Fäulnis zu riechen.*
- *Müssen die Tischler oder Schreiner, welche die Särge machen, wenn sie Meister werden wollen, sich von einem von der Obrigkeit dazu bestellten Arzt unterrichten lassen, daß sie die rechten Kennzeichen des Todes unterscheiden lernen. Auch dürfen sie den Deckel zum Sarg nicht eher abliefern, bis die Leiche anfängt zu riechen.*"

Dem „*Bayrischen Landboten*" 1791 entstammt folgender Fall: Ein Student der Arzneiwissenschaft in Ingolstadt wurde plötzlich krank, verfiel in starre Besinnungslosigkeit und wurde für tot gehalten. Man entkleidete ihn, wusch ihn und legte ihn wie üblich auf ein Brett. Der Kranke aber sah alles selbst mit an. Er hörte und fühlte, nur war es ihm unmöglich, die geringste Bewegung hervorzubringen.

In der Nacht vor dem Begräbnis, als er einsam, starr und kalt auf seinem Brette lag, erlangte er unter Anspannung aller seiner Willenskraft die Bewegungsfähigkeit wieder. Aber seine Hände waren ihm mit Wachs und seinem Rosenkranz so fest verknäult, daß er sie nicht gebrauchen konnte. Er sträubte und bäumte sich, bewegte das auf ihm liegende Tuch und warf damit die neben ihm stehende Lampe um. Das machte die im darunter-gelegenen Raum wachenden Leute aufmerksam. Sie kamen, sahen den „Toten" sich bewegen, flohen, kamen zögernd wieder und nahmen ihn endlich auf sein wehmütiges und wiederholtes Beteuern wieder unter den Lebenden auf.
Drei Dinge waren ihm während seines Scheintodes peinlich gewesen. Erstens der Zuspruch des Geistlichen, der so eifrig redete, daß ihm jede Silbe wie ein Dolchstoß in die Ohren drang. Zweitens bereitete ihm das gewaltsame Zudrücken des in totenähnlicher Erstarrung befindlichen Mundes physische Schmerzen. Der Scheintote glaubte, man würde ihm die Kinnbacken zersprengen. Drittens das Besprengen mit dem eiskalten Weihwasser, wovon ihn jeder Tropfen, der ihm ins Gesicht kam, bis ins Innere erschauern ließ. Dennoch schrieb er seine Rettung dem Weihwasser zu: Da man ihn aus frommer Freigebigkeit oft bespritzte, kam auch eine gute Portion davon in seinen Schlund, und dies verursachte den Reiz, durch den er seine Bewegungsfähigkeit wiedererlangte.

Als prominentes Opfer unter den Lebendigbegrabenen gilt der 1852 verstorbene russische Erzähler *Nikolaj Gogol,* dessen Gebeine bei einer Umbettung, wenige Jahre nach der Beerdigung, in derart verkrümmter Haltung vorgefunden wurden, daß man annimmt, der große Dichter habe im Grab verzweifelt um sein Leben gekämpft.
Andere Erklärungen für solche Phänomene sind einerseits *Fäulnisgase,* andererseits *einbrechende Särge, nachrutschendes Erdreich* und überhaupt die *Manipulationen vor der Öffnung des Sarges.*

Scheintot begraben und wieder erwacht

Riad. – Diesen unglaublichen Fall schildert die saudiarabische Zeitung „Al Riad": Motek Safer el Schahrani fiel nach einem Unfall in einer Mühle ins Koma, wurde von seiner Familie für tot gehalten und begraben. 27 Stunden später erwachte er in der Gruft, schrie um Hilfe, wurde von Hirten gehört und befreit. Als Schahrani nach Hause zurückkehrte, erschraken seine Mutter und seine Schwester so sehr, daß beide der Schlag traf.

„Neue Kronen Zeitung", 19. 8. 1989

Nur knapp ist eine 93jährige Chinesin ihrer Einäscherung entgangen; ihre Familie aus der Provinz Guangdong hatte geglaubt, die Greisin sei gestorben und sie in ein Krematorium gebracht. Dort stellte ein Angestellter verwundert fest, daß die Frau noch atmete. Rasch rief er einen Arzt herbei, der stellte niederen Blutdruck aufgrund von Diabetes fest. Die Frau wurde in ein Krankenhaus gebracht und ist auf dem Weg der Genesung.

„Kurier", 5. 2. 1997

Zu der allgemein geläufigen Melodie des Wienerliedes *„Erst wann's aus wird sein, mit aner Musi' und an Wein . . ."* erfand das noch immer barocke goldene Wienerherz einen anderen Text:

„Auf mein Grab,
da schüttet mir hinauf ein Glaserl Wein,
dann spielt's a Wienerlied,
zum Beispiel ‚erst wann's aus wird sein';
und wann i dann beim letzten Takt net applaudier,
dann haut's den Deckel zua,
weil dann is 's aus mit mir!"

Es ist bekannt, daß in Narkose, im Tiefschlaf und vor allem bei Nahtoderlebnissen halluzinatorische und depersonalisationsartige Erscheinungen auftreten. *„Erscheinungen"* deshalb, da es sich meistens um visuelle Eindrücke handelt. So wird das *„Tunnelphänomen"* häufig erlebt, d. h., die Betroffenen wähnen sich in einem dunklen röhrenförmigen Kanal, an dessen Ende ein Licht erscheint. Auch eine *„Trennung von Körper und Seele"* wird oft geschildert, wobei typischerweise der Körper im Bett liegen bleibt und das *„andere Ich"* darüberschwebt, die Situation gleichzeitig beobachtend.

Selbstverständlich sind Personen, die solches erlebt haben, weder vom Tode zurückgekehrt noch verrückt, es handelt sich um ein neuropsychiatrisch schon ziemlich gut erforschtes und verstandenes Phänomen, welches im Prinzip auf mikroelektrische und mikrohormonell ausgelöste Ursachen zurückgeht. Den Anstoß bildet meist ein Sauerstoffmangel im Gehirn, die Reaktion darauf ist einerseits die Freisetzung von hormonartigen Substanzen, die das Gehirn vor einer Sauerstoffmangelschädigung bewahren sollen, andererseits das Auftreten der beschriebenen visuellen *„Erscheinungen"*.

Es ist vor allem wichtig zu wissen, daß auch in Narkose solche *„Träume"* auftreten können, und nicht so selten wird der Narkosearzt später vom Patienten diverser Handlungen beschuldigt. Ein typisches Beispiel solcher *„Narkosephantasien"* hat der betroffene Arzt so geschildert:

„Als ich vor vielen Jahren eine postabortive Curettage unter der damals üblichen Evipan-Narkose durchführte und die Curette in den Uterus einführte, sagte die Patientin plötzlich: – ‚Nicht so tief, Horst, nicht so tief!' Horst war der Vorname ihres Ehemannes."

Man kann sich vorstellen, was passiert, wenn eine solche Patientin sich nach dem Aufwachen aus der Narkose an die vermeintlichen *„Erlebnisse"* noch schattenhaft erinnert!

GROSSE ZWERGE

Die äußere Erscheinung eines Menschen hat mit seiner Leistung und Bedeutung überhaupt nichts zu tun. Daß Genialität an einem „edlen Anblick“ abzulesen wäre, ist falsch. Genies sind häufig häßlich oder sogar mißgestaltet. Da körperliche Schönheit ein allzu subjektives Kriterium ist, sei beispielhaft auf die Körperlänge verwiesen, denn diese kann man objektiv messen.

Schon der Apostel *Paulus,* sagt man, sei ein schielender, krummbeiniger Zwerg gewesen. Aber schließlich war er es, der das Christentum als Weltreligion begründete.

Adolph von Menzel, der 137 Zentimeter maß, verewigte mit seinen Bildern das uns heute geläufige Gesicht von Friedrich dem Großen.

Gottfried Keller, 140 Zentimeter groß, sah aus wie ein Gnom und schrieb zauberhafte Erzählungen, Novellen und Romane.

Einen kaum mehr als 150 Zentimeter großen, korpulenten jungen Mann mit blauen Augen, rotblondem Haar und blassem, fahlem Gesicht mit Pockennarben kennen wir als das wohl größte Musikgenie der Menschheit, *Wolfgang Amadé Mozart.*

Engelbert Dollfuß, der autoritäre österreichische Bundeskanzler der Zwischenkriegszeit, war trotz seiner nur 151 Zentimeter Körpergröße eine dominierende Persönlichkeit; er wurde 1934 von illegalen Nationalsozialisten ermordet.

Ebenfalls 151 Zentimeter klein war der große *Immanuel Kant.*

Henry Toulouse-Lautrec litt an einer angeborenen Knochenkrankheit und erreichte nur 152 Zentimeter. Alkohol und Syphilis zerstörten den großen Künstler.

Franz Schubert wurde vom Militärdienst befreit, da er die geforderte Körpergröße nicht erreichte. Er war 157 Zentimeter groß, stämmig, mit großem Kopf und kurzen Extremitäten. Man darf schließlich nicht verlangen, daß jemand, der wie ein Engel musiziert, auch so aussehen muß.
Die halbe Kraft verwendete er an sein Werk, die andere Hälfte an die Propaganda – so wurde der 160 Zentimeter große *Richard Wagner* zum vieldeutigsten, fragwürdigsten und faszinierendsten Phänomen der schöpferischen Welt.
Napoleon Bonaparte, 162 Zentimeter groß, war kein strahlender Feldherr, sondern rachitisch verkrümmt und konnte als Kind seinen übergroßen Kopf nicht gerade halten.
Mit 165 Zentimetern war *Alexander der Große* für die damalige Zeit zwar kein Riese, aber auch kein Zwerg.

GEFÄLLIGKEITSZEUGNISSE

Besonderer Sorgfalt bedarf die Ausstellung ärztlicher Zeugnisse und Bestätigungen. Diese haben sich auf *Tatsachen* zu beziehen und sind nach *bestem Wissen und Gewissen* auszustellen. Ein Arzt, der Gefälligkeitszeugnisse ausstellt, verstößt gegen gesetzlich auferlegte Pflichten. Immer? Einige Beispiele, die prominente Persönlichkeiten betrafen, lassen Zweifel aufkommen.
Karl Ludwig Freiherr von Bruck (1798–1860) wurde unschuldig in eine Spekulations- und Korruptionsaffäre von Heereslieferanten verwickelt. Kaiser Franz Joseph entließ ihn daraufhin als Finanzminister. Bruck verübte durch Aufschneiden der Unterarmarterien Selbstmord.
Karl Rokitansky, damals Ordinarius und ordentlicher Professor für pathologische Anatomie an der Universität Wien, kam in seinem Obduktionsgutachten zu folgender Beurteilung:
„... daß man in der Leiche des Untersuchten chronische seröse Ergüsse in der Schädelhöhle mit Verdickung der inneren Hirnhäute, Erschlaffung des Herzfleisches, Talggehalt der Leber vorgefunden habe, alles Zustände, die zu dem Schlusse berechtigen, derselbe habe in einem materiell begründeten Zustand von Gemüthszerrüttung und Kleinmuth die Selbstentleibung unternommen.“
Das ist natürlich medizinischer Unsinn, ermöglichte aber ein kirchliches Begräbnis.

Nach dem mysteriösen Mord- und Selbstmordfall *Kronprinz Rudolphs* in Mayerling (1889) hatten sich auch die Ärzte an der nachfolgenden Vertuschungsaktion des Kaiserhauses beteiligt. Die Leiche von Mary Vetsera wurde durch den k. k. Leibarzt

Dr. Franz Auchenthaler beschaut, der im Protokoll feststellte: *„... zweifellos Selbstmord mittels Schußwaffe."* Damit war der Kronprinz freigesprochen.

Im offiziellen Obduktionsbefund über Kronprinz Rudolph liest man im letzten Absatz:

„Die vorzeitige Verwachsung der Pfeil- und Kranznaht, die auffällige Tiefe der Schädelgrube und der sogenannten fingerförmigen Eindrücke an der inneren Fläche der Schädelknochen, die deutliche Abflachung der Hirnwindungen und die Erweiterung der Hirnkammer sind pathologische Befunde, welche erfahrungsgemäß mit abnormen Geisteszuständen einherzugehen pflegen und daher zur Annahme berechtigen, daß die Tat in einem Zustand von Geistesverwirrung geschehen ist."

Unterschrieben ist dieses Gefälligkeitsattest vom Professor der gerichtlichen Medizin, Eduard Hofmann, und vom Professor der pathologischen Anatomie, Hans Kundrat.

Von größter Wichtigkeit für die Auftraggeber der Obduktion war die Feststellung einer Geistesverwirrung. Damit wurde Unzurechnungsfähigkeit bestätigt und ein kirchliches Begräbnis ermöglicht. Eine solche Vorgangsweise war damals üblich, auf diesem Weg konnten wohlhabende und einflußreiche Familien die kirchliche Beerdigung eines Selbstmörders erwirken. Medizinisch gesehen sind die angeführten *„pathologischen Befunde"* nach dem Stand unserer heutigen Kenntnis in keiner Weise mit *„Geistesverwirrung"* in Zusammenhang zu bringen. Und das wußte man auch damals schon. In entscheidenden Fällen gehen jedoch die Universitätsprofessoren vor den weltlichen und geistlichen Machthabern in die Knie.

Albino Luciani, Kardinal und Erzbischof von Venedig, wurde am 26. August 1978 nach einem ungewöhnlich kurzen Konklave mit großer Mehrheit zum Papst gewählt. Er nannte sich Johannes Paul I. und stand kurz vor der Vollendung seines 66. Lebensjahres. Nach 33 Tagen starb er völlig unerwartet und plötzlich.

In der katholischen Kirche wird die Ansicht vertreten, eine Papstwahl erfolge „unter der Erleuchtung durch den Hl. Geist“. Das bedeutet aber auch, daß der Gewählte für gesund gehalten wurde – und dann starb er plötzlich. Eine Obduktion hätte nur eines von zwei möglichen Ergebnissen haben können: entweder Tod aus natürlicher Ursache bei einem vorher schon kranken Menschen – wie konnte ihn aber dann das Konklave gewählt haben? Oder ein gewaltsamer Tod, was zweifellos noch schlimmer gewesen wäre! So entschloß man sich, alles im dunkeln zu lassen und nahm dafür die Entstehung von Gerüchten in Kauf.

Es wurde ein offizieller Totenschein veröffentlicht, worin Dr. Buzzonetti als Todesursache angab: *„Plötzlicher Tod durch einen akuten Myokardinfarkt.“*

PATHOLOGIE UND FREIMAURERREI

Es gibt eine charakteristische Gemeinsamkeit zwischen Pathologie und Freimaurerei. Sowohl die Pathologen wie auch die Mitglieder einer Loge werden von einem Teil der Bevölkerung zumindest mit Mißtrauen, oft sogar mit blanker Ablehnung bedacht. Bei den Pathologen liegt das daran, daß die Leute glauben, sie wissen, was wir tun und was in einem Seziersaal Schreckliches geschieht. Bei den Freimaurern kommt es daher, daß die Leute nicht wissen, was in den Logen tatsächlich geschieht.

Es gab eine Zeit, da war den Pathologen am Allgemeinen Krankenhaus in Wien verboten, Freimaurer zu sein, und sie mußten darauf sogar einen Diensteid ablegen. Eine solche Eidesformel aus dem Jahre 1834 ist erhalten und hat in ihren wesentlichen Passagen folgenden Wortlaut:

„Sie werden einen Eid zu Gott dem Allmächtigen schwören und bey ihrer Ehre und Treue geloben, daß sie den allerdurchlauchtigst großmächtigsten Fürsten und Herrn, Herrn Franz dem I., erblichen Kaiser von Österreich als ihren rechtmäßigen Erblandesfürsten und Herrn, und nach demselben den aus Dero Geblüt und Geschlecht nachkommenden Erben, dann der Noe. Landesregierung treu und gewärtig seyn . . .; Ihre Amtspflichten als pathologischer Prosektor mit möglichster Sorgfalt, Treue und allem Fleiße erfüllen, insbesondere aber genaue Aufsicht über das, vermöge ihrer Dienstleistung, ihnen anvertraute anatomisch-pathologische Museum im kk. allgemeinen Krankenhaus führen, überhaupt aber sich von der pünktlichen Erfüllung ihrer Pflichten unter strenger Beobachtung der ihnen allenfalls anvertraut werdenden Amtgeheimnisse, weder

durch Gunst, Freund- oder Feindschaft, am wenigsten aber durch Geschenke abwendig machen lassen wollen. Endlich werden sie auch schwören, daß sie mit keiner geheimen Gesellschaft oder Verbrüderung weder in dem In- noch Auslande dermahlen verflochten sind, noch künftig sich in dergleichen geheimen Verbindungen oder was immer für einen Vorwande einlassen werden.
So wahr mir Gott helfe!"
Unter Kaiser Franz II. war die Freimaurerei verboten, insbesondere wurde seit 1801 von jedem Staatsdiener ein entsprechender eidlicher Revers verlangt. Dies war die Folge der Nachwirkungen der Französischen Revolution sowie Ausdruck der Angst des Kaisers und seiner Hofschranzen vor einer vermeintlichen Verschwörung. Es gab zahlreiche Verhaftungen, sogar Schauprozesse und einige Hinrichtungen.
Die Zeiten haben sich geändert. Heute sind unter den Freimaurern Österreichs die Ärzte die weitaus stärkste Berufsgruppe. Mehrere Pathologen sind Mitglieder des Bundes.

DAS SCHÖNSTE UND GESÜNDESTE AUF DER WELT

Der erste Ordinarius für pathologische Anatomie in Wien, Carl Rokitansky (1804–1878), war überaus schweigsam. Adolf Kussmaul, später Internist in Freiburg und Straßburg, welcher als Student in Wien hospitierte, erzählte von ihm: *„Nachdem ich vier Monate lang Stammgast im Leichenhause gewesen war, geschah es an einem schönen Herbstmorgen, daß die Skalpelle kurze Zeit ruhten. Ich benutzte die Pause, um vor die Türe zu treten und frische Luft zu schöpfen. Gleich nachher erschien auch Rokitansky und stellte sich nahe bei mir in die Sonne. Die warme Luft des Hofes behagte ihm sichtlich. Mit einem Mal wandte er sich gegen mich, nickte mir freundlich zu und bemerkte: ‚Heute ist schönes Wetter.' Ich war überrascht, doch nahm ich mich zusammen und erwiderte bestätigend: ‚Ja, es ist wirklich ein schöner Tag.' Die Unterhaltung war damit zu Ende, und es war die erste und einzige, die ich ihn führen hörte."*

Rokitansky hatte vier Söhne, auf die er sehr stolz war, weil sie teils erfolgreiche Sänger, teils ebenso erfolgreiche Mediziner waren. Fragen, wie es seinen Söhnen gehe, pflegte er mit der Feststellung zu beantworten: *„Ausgezeichnet! Zwei heulen und zwei heilen!"* Bei den zwei älteren Söhnen war Hans Bassist an der Hofoper, Viktor Gesangslehrer; die beiden jüngeren waren Mediziner, Carl Vorstand der Geburtshilfe in Graz, Prokop Professor für innere Medizin an der Universität Innsbruck.
Als Nachfolger Rokitanskys wurde zum Erstaunen der Fachkreise der nicht allzu bedeutende Richard Heschl von Graz

nach Wien berufen. Außerhalb von Wien und im übrigen Europa wurde immer die Frage gestellt: *„Wer ist eigentlich der Nachfolger Rokitanskys geworden?"* – *„Ein gewisser Heschl"*, war die Antwort jener, die es wußten. *„Und wer ist dieser Heschl?"* – *„Der Nachfolger Rokitanskys."*

DIE AUFGABEN EINES LEIBARZTES

Franz Joseph, vorletzter Kaiser der k. u. k. Donaumonarchie, erfreute sich bis ins hohe Alter einer vortrefflichen Gesundheit. Sein Hofarzt Dr. Joseph Kerzl hatte einen leichten Dienst. Seine Aufgabe bestand darin, sich jeden Morgen sehr früh bei Majestät zu melden und ebenso höflich wie kurz und knapp nach der allerhöchsten Gesundheit zu fragen. Als Antwort – gewissermaßen – wurde ihm dann feierlich eine erstklassige Havanna, an bestimmten Tagen auch zur Abwechslung eine Virginia überreicht. Anschließend und solange er diese kaiserliche Zigarre rauchte, hatte er sich zu setzen und mit dem Kaiser zu plaudern: übers Wetter, über dieses und jenes Zeitgeschehnis, insbesondere über das, was sich am Vortag im schönen Wien zugetragen hatte.
Eines Morgens aber, als Franz Joseph bereits ein sehr hohes Alter erreicht hatte, wurde Kerzl bei der Anmeldung vom Leibdiener mit ernstem Gesicht abgewiesen: *„Majestät bedauern lebhaft, den Herrn Hofrat heute morgen nicht empfangen zu können. Majestät fühlen sich nicht ganz wohl und sind zum Plaudern nicht aufgelegt."*

PROBLEME EINES NOBELPREISTRÄGERS

Einst saßen Julius Wagner von Jauregg, der berühmte Psychiater und Nobelpreisträger des Jahres 1927, und der Augenarzt

Professor Ernst Fuchs in einem der zahlreichen Weinorte Niederösterreichs beim Essen nebeneinander. Fuchs trank wie immer nur sehr wenig, während Wagner-Jauregg ein Freund des Weines war. Das veranlaßte Fuchs zu sagen: *„Der Wagner wäre ein so netter Mensch, wenn er nicht so viel trinken würde."* Darauf meinte Wagner-Jauregg: *„Ich kann ja nichts dafür, daß die Erde so klein ist. Wenn die Erde größer wäre, wäre der Äquator länger und damit auch das Metermaß, und da wäre auch der Liter größer, und dann bräucht' ich nicht so viele Vierteln zu trinken."*

ALKOHOL UND INNERE MEDIZIN

Der Internist Professor Franz Chvostek, der gerne und viel trank, mußte sich einer Oberbauchoperation unterziehen. Aus der Narkose erwacht, lautete seine erste Frage: *„Wie ist die Leber?"* Man versicherte ihm, daß sie in ausgezeichnetem Zustand sei, worauf Chvostek fröhlich ausrief: *„Sehr gut, I trink' weiter!"* Aus dieser fröhlichen Grundhaltung heraus formulierte Chvostek den legendär gewordenen Satz: *„Ein Alkoholiker ist nur der, welcher es nicht verträgt!"*

DERMATOLOGIE UND VENEROLOGIE

Viele Geschichten erzählt man über den Dermatologen Professor Isidor Neumann (1832–1906). Um den Ordinationsbetrieb zu beschleunigen, hatte er als einer der ersten Ärzte in Wien Umkleidekabinen für die Patienten eingerichtet. Ein Diener sorgte mit unerbittlicher Strenge dafür, daß die Besucher von dieser ungewohnten Neuerung auch Gebrauch machten und sich völlig entkleideten. Mit dem Ergebnis, daß sich Neumann eines Tages mit einem splitternackten Mann konfroniert sah, der ihm mit kläglicher Miene sagte: *„Aber, Herr Professor, ich bin doch nur gekommen, um den Kultusbeitrag einzukassieren!"*

Einer Dame der Gesellschaft mußte Neumann mitteilen, daß ihre siebzehnjährige Tochter an einer Geschlechtskrankheit leide. Entsetzt sagte die fassungslose Mutter: *„Ja, wo kann sie sich denn das geholt haben? Vielleicht auf der Toilette?"*
„Möglich", antwortete der Dermatologe, *„aber sehr unbequem."*

Ein Patient antwortete auf die Frage nach dem Beruf: *„Ich bin erster Liebhaber am Stadttheater!"*
„Also in diesem Fall", belehrte ihn Neumann, *„waren Sie nicht der erste!"*

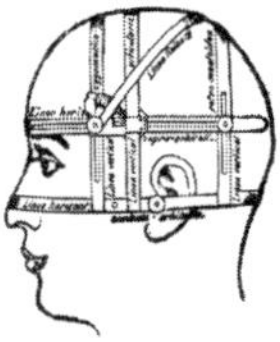

GESUNDER LEBENSWANDEL
„Das Beste, was ich Ihnen raten kann", sprach der Doktor streng: *„Keinen Alkohol mehr, rauchen aufhören, Diät und früh ins Bett!"* Nachdenklich blickte der Patient ihn an und fragte: *„Und das Zweitbeste?"*

ANDERE URSACHE
Kommt ein Mann wegen dauernder Kopfschmerzen zum Arzt.
„Lassen Sie die Zigaretten sein", rät ihm der Doktor.
„Ich bin Nichtraucher."
„Vielleicht des öfteren ein Gläschen zuviel?"
„Ich bin Antialkoholiker."
„Streßt Sie Ihr Liebesleben?"
„Ich habe noch nie eine nackte Frau gesehen."
„Ha!" ruft da der Arzt. *„Ihr Heiligenschein drückt."*

AMERIKANISCHE SITTEN

In den Vereinigten Staaten ist es bekanntlich üblich, daß hochrangige Politiker in regelmäßigen Abständen und vor allem in der Vorwahlzeit offiziell ihren Gesundheitszustand bekanntgeben lassen und daß sehr häufig die Medien, vor allem Fernsehteams, bis an das Krankenbett vordringen.

Der amerikanische Präsident Lyndon Johnson mußte sich bald nach seinem Amtsantritt einer Gallenblasenoperation unterziehen. Kaum konnte er das Bett verlassen, hielt er noch im Krankenhaus, umgeben von seinen Ärzten, eine Pressekonferenz ab. Um zu beweisen, wie gut die Heilung voranschritt, knöpfte Johnson seine Pyjamajacke auf und zeigte den Pressevertretern die Operationsnarbe. Worauf einer der anwesenden Journalisten bemerkte: *„Wir können von Glück sagen, daß der Präsident nicht an Hämorrhoiden operiert worden ist!“*

GESUNDHEITSZUSTAND

Der amerikanische Senator Theodor Green blickte auf die Uhr und unterbrach den Redeschwall des Freundes, der ihn am Krankenhausbett besuchte. *„Rasch, das Radio an!“*

Der Freund gehorchte kopfschüttelnd. *„Nachrichten“*, erklärt der Kranke. *„Ich möchte wissen, wie es mit mir steht.“*

SYMMETRIE

Ein etwas schüchterner Junggeselle kommt zum Arzt. Er will unbedingt einen Hoden, der weiter herunterhängt als der andere – was bekanntlich normal ist, operieren lassen. Der Doktor hebt zu einer langwierigen Erklärung von der Sinnlosigkeit und dem möglichen Risiko einer solchen Operation an. Der junge Mann beharrt – aus gutem Grund: *„Meine Freundin ist so ordnungsliebend.“*

IMAGEPFLEGE

Ein Mann, wegen Kurpfuscherei angeklagt, bat vor einer – wie er sagte – entscheidenden Aussage, die Öffentlichkeit von seinem Prozeß auszuschließen. Nach langem Zögern gab das Gericht dem Antrag statt. Der Angeklagte legte sein Diplom vor: *„Verstehen Sie bitte! Wenn die Leute erfahren, daß ich Arzt bin, ist meine Praxis ruiniert."*

DIE ASCHE DER MUTTER

Ein Mann aus Illinois in den USA hatte eine Urne mit der Asche seiner Mutter im Auto. Er befand sich auf einer Fahrt nach Florida. Nachts wurde der Wagen aufgebrochen, die Urne gestohlen. Der Bestohlene meldete den Diebstahl. Daraufhin druckte eine Zeitung in Naples einen Aufruf an den Dieb: *„Geben Sie einem Sohn die Urne der Mutter zurück."*
Der Dieb legte die Urne in eine Kiste, klebte sie mit Tesafilm zu und deponierte sie vor dem Hauptportal der Feuerwehr. Die Feuerwehr befürchtete, in der Kiste befände sich eine Bombe. Sie rief das Sprengkommando der Polizei. Die Polizei brachte die Kiste per Fernzündung zur Explosion. Da erst sah sie die Leichenasche. Feuerwehr und Polizei entschuldigten sich beim Sohn der toten Frau.

> Der Arzt hat in den Augen des Kranken drei Gesichter.
> Das Gesicht eines Engels, wenn er ans Krankenbett tritt
> und helfen soll, das eines Gottes, wenn er geholfen hat,
> und das eines Teufels, wenn er die Rechnung schickt.

DAS GESPENST IM LEICHENWAGEN

Es geschah im Jahre 1988. Ein Chauffeur einer Basler Leichenbestattung sollte einen leeren Sarg nach Rheinfelden führen, wo ein Basler Bürger gestorben war und nun heimgeholt werden sollte. Es war schon dunkel, als der Fahrer ein klapperndes Geräusch hinter sich in der Glaskabine vernahm. Schließlich machte er auf dem Pannenstreifen halt, um nachzusehen. Eine

Metalleiste, die den Sarg arretieren sollte, war locker geworden. Er holte die Werkzeugkiste und zog seinen weißen Arbeitskittel über, um seinen dunklen Anzug nicht zu beschmutzen. Während er den Schaden behob, fiel die Tür zur Kabine zu. Die Tür eines Leichenwagens hat, muß man wissen, auf der Innenseite keine Klinke, da die Passagiere niemals auszusteigen pflegen. Der so Gefangene suchte in seinem Glaskasten die Vorüberfahrenden durch heftige Gebärdensprache auf sich aufmerksam zu machen. Die aber brausten wie die Feuerwehr davon. Als einer von ihnen den nächsten Polizeiposten erreichte, erzählte er atemlos, auf dem Pannenstreifen stehe ein Leichenwagen, in dessen Innerem ein weißes Gespenst wild gestikuliere. Die Polizei schenkte der Aussage keine Bedeutung. Als aber noch weitere Autolenker das Gespenst gesehen haben wollten, machten sich die Ordnungshüter auf den Weg. Sie fanden den Leichenwagen denn auch, von einem Gespenst aber war keine Spur zu sehen.

Als die Polizei die Tür öffnete, erhob sich aus dem Sarg der Fahrer, der es müde geworden war, um Hilfe zu winken. Jetzt war es an den Polizisten, zu erschrecken; sie jagten Hals über Kopf davon. Hätte einer von ihnen nicht die Geistesgegenwart besessen, die Autonummer zu notieren, wären wir heute nicht in der Lage, die Geschichte wahrheitsgetreu zu erzählen.

KONDOMAUTOMATEN AUCH AUF FRIEDHÖFEN

„Wir müssen den Tatsachen des Lebens ins Auge sehen", stellte Colin Brown, Vizevorsitzender des Umweltkomitees im englischen Derby, fest und forderte die sofortige Aufstellung von Kondomautomaten in den Friedhöfen der Stadt. Denn die letzten Ruhestätten werden immer öfter von liebenden Paaren als Zufluchtsort ausgewählt. *„Junge Menschen suchen verlassene Orte, wenn sie lieben wollen, und dazu gehören heutzutage die Friedhöfe"*, meinte der Antragsteller zum Thema „Sicherer Sex". *„Deshalb sollte der Zugang zu Kondomen erleichtert werden."*

DAS TELEFON IM GRAB DES RABBI

Ruft Rabbi Pinchas Miller aus dem Jenseits an? Das könnten Besucher des Friedhofes von Nazareth glauben. Denn aus dem Grab des Rabbi dringt immer wieder das Klingeln eines Telefons. Des makabren Rätsels Lösung: Bei der Beisetzung von Pinchas Miller war einem Trauergast unbemerkt ein Funktelefon ins offene Grab gefallen. Aus Respekt vor dem Toten beschloß man, das Grab nicht zu öffnen, um das Gerät zu bergen, sondern zu warten, bis die Batterie den Geist aufgibt.

1450 JAHRE ALTES WASSER IM FÜRSTENGRAB

Als Grabbeigabe zweier fränkischer Fürstengräber fanden deutsche Wissenschaftler unter dem Kölner Dom Wasser, das von heute nirgends mehr vorkommender Reinheit ist. Die chemische Analyse des rund 1450 Jahre alten Glasfläschcheninhalts ergab das Fehlen jeglicher Verunreinigung. Experten der Universität Bonn betonten, daß eine solche Wasserqualität mit heutigen Mitteln nicht einmal künstlich erreicht werden kann.

KREMATORIUM ABGEBRANNT

Ein Krematorium im Woodlawn Memorial Park im texanischen San Antonio brannte bis auf die Grundmauern ab. Ursache war eine Überhitzung in einem der Brennöfen. Die Beschäftigten hatten eine 180 Kilo schwere Leiche über eine zweite gelegt, um sie dem Feuer zu übergeben: Dadurch kam es zu einem Hitzestau, der das gesamte Gebäude einäscherte.

ACCIPE DUM DOLET

Ein altes lateinisches Sprichwort besagt: *„Accipe dum dolet, post morbum medicus olet!"* Da ist es natürlich gut, wenn man die lateinische Sprache versteht und weiß, was dieser Satz bedeutet: *„Nimm, solange es weh tut, wenn die Krankheit vorüber ist, stinkt der Arzt!"*

KIESELSTEIN

Victor von Ivanchich wirkte viele Jahre als ausgezeichneter Urologe. Als er einen Fürsten Liechtenstein wegen eines Blasensteins operierte, übersandte ihm der Fürst tausend Gulden. Ivanchich ließ den Fürsten wissen: *„Für einen Stein wäre das Honorar wohl groß genug gewesen, aber nicht für einen Liechtenstein."*

NIMM, WENN MAN DIR GIBT

Michael Barth, Professor für Anatomie und Augenheilkunde, wurde einmal zur Kaiserin Maria Theresia gerufen. Er war damals noch ein junger, flotter Edelmann, besaß aber schon die Anlagen, ein Geizhals zu werden. Als die Konsultation beendigt war, verabschiedete die Kaiserin ihn mit den Worten: *„Da, nehme Er das!"* Dabei zeigte sie auf eine Schatulle, in der das Honorar für den Arzt lag.
Barth nahm die ganze prächtige Schatulle samt dem Geld – und das Tischchen dazu, auf dem sie stand.

KEIN ORDEN

Karl Gussenbauer, der Nachfolger Theodor Billroths, operierte einmal einen Erzherzog. Als der Patient geheilt war, erschien sein Kammervorsteher bei dem Chirurgen und fragte ihn, was er lieber wolle, tausend Gulden oder einen Orden. Gussenbauer antwortete: *„Ich bekomme keine tausend Gulden, ich bekomme keinen Orden – ich bekomme zweitausend Gulden."* Und dabei blieb es.

WIE EHRT MAN EINEN NOBELPREISTRÄGER?

Der deutsche Serologe Paul Ehrlich, 1908 mit dem Nobelpreis ausgezeichnet, schuf mit dem Heilmittel Salvarsan ein wirkungsvolles Mittel zur Bekämpfung der Syphilis. In Berlin erzählte man daraufhin, Kaiser Wilhelm II. habe erklärt: *„Wie soll man den Ehrlich denn ehren? Einen Orden hat er schon, den Adel kann er nicht bekommen, weil er Jude ist, und zum Hoflieferanten kann ich ihn schwerlich ernennen!"*

GAY TOWN

Es hat schon einen Grund, warum San Francisco unter Insidern *„the gay town“* – Schwulenmekka – genannt wird. Aber selbst mit einem bekennenden Homosexuellen als Vizebürgermeister fällt es schwer, eine Antwort auf die Frage zu finden: Warum gibt es eigentlich immer mehr Homosexuelle?

Sie vermehren sich doch nicht.

DER STERN VON BETHLEHEM

„Herzlichen Glückwunsch! Ihr Mann wird sich freuen, Sie erwarten . . .“

„Ich habe keinen Mann!“, schneidet die Dame dem Arzt das Wort ab.

„Ihr Freund . . .“

„Ich habe auch keinen Freund.“

„Einen Bekannten . . .?“

„Wo denken Sie hin!“

Der Gynäkologe sieht seine Patientin einen Augenblick stumm an, dann öffnet er das Fenster und blickt versonnen in den Himmel.

„Was machen Sie denn da?“ fragt die Dame.

„Ich warte, daß der Stern im Osten wieder aufgeht.“

WETTEN, DASS . . .

Das Internet bietet mannigfaltige Möglichkeiten der Unterhaltung. Manchmal wird die Sache aber auch ziemlich makaber. Ein Computerprogrammierer aus England bietet in seinem *„Dead Pool“* Todeswetten an. Es geht ganz einfach darum: *Wer stirbt als nächster?*

Die Teilnehmer müssen zehn Persönlichkeiten ins Netzwerkrennen schicken, von denen sie glauben, daß sie innerhalb eines Jahres sterben werden. Jeder richtig geratene Todesfall zählt einen Punkt, der Jahressieger erhält 45 Pfund Preisgeld.

Unter http://www.ftech.net/-sugarman kann jederzeit der aktuelle Spielstand abgerufen werden. *Ronald Reagan* und *Johannes Paul II.* sind derzeit Spitzenkandidaten; *Salman Rushdie* und *Barbara Cartland* belegen ebenfalls vordere Plätze. Als besonders heißer Tip gilt jedoch *Queen Mum,* die 95jährige Mutter der britischen Königin.

Deng Xiaoping ist heuer aus der Liste ausgeschieden. Er hat sicher einigen Wettprofis Punkte gebracht, da er an prominenter Stelle gereiht war.

Ob es sich bei solchen Wetten um schwarzen Humor oder eine gestörte Psyche handelt, ist noch nicht entschieden; persönlich tippe ich auf letzteres.

ENDE DER WEISHEIT

Hermann Boerhave (1668–1738) war der bedeutendste Arzt seiner Zeit und Lehrer fast aller berühmten Mediziner im damaligen Europa. Karl Linné, Gerard van Swieten, Anton de Haen und Albrecht Haller waren seine Schüler. Seine größte Leistung war die Einführung des klinischen Unterrichts am Krankenbett. Selbst seine glänzenden Erfolge haben es nicht vermocht, den immerwährenden Zweifel an Wissenschaft und Forschung völlig in ihm zu ersticken. In seinem Nachlaß fand sich ein versiegeltes Päckchen, das die Aufschrift trug:

„Die einzigen und wahrhaft tiefen Geheimnisse der Arzneikunst."

Bei der Versteigerung des Nachlasses erstand ein Engländer das geheimnisvolle Päckchen für einen enormen Preis. Als er den erworbenen Schatz entsiegelte, hielt er in seinen Händen nichts als einen Stapel unbeschriebener Bogen Papier. Lauter leere Blätter. Lediglich auf der ersten Seite standen in großen Buchstaben die Worte:

„Halte den Kopf kalt, die Füße warm
und den Leib offen,
so wirst du aller Ärzte spotten können!"

LITERATUR

Ärzte-Woche. Österreichische Zeitung für Medizin. Wien

Birkmayer, W. und G. Heindl: Der liebe Gott ist Internist oder Ärzte in Geschichten und Anekdoten. P. Neff, Wien 1978

Bankl, H.: Woran sie wirklich starben. W. Maudrich, Wien 1988

Bankl, H.: Viele Wege führen in die Ewigkeit. W. Maudrich, Wien 1990

Bankl, H.: Der Rest ist nicht Schweigen. W. Maudrich, Wien 1992

Colpet, M.: Schmerz laß nach. Medizinerwitze und Patientenglossen. Universitas, München 1985

Der österreichische Bestatter. Offizielles Organ des Fachverbandes und der Fachgruppe Bestattung Wien

Glaser, H.: Anekdoten um Ärzte. W. Maudrich, Wien 1964

Holländer, E.: Anekdoten aus der medizinischen Weltgeschichte. F. Enke, Stuttgart 1924

Kunz, J.: Der österreichische Witz. Ibera, Wien 1995

Lichtenthaeler, Ch.: Der Eid des Hippokrates. Deutscher Ärzte-Verlag, Köln 1984

Medical Tribune. Internationale Wochenzeitung für den Arzt

Rauch, K.: Anekdoten. Langen-Müller, München 1956

Steinbart, H.: Arzt und Patient. In der Geschichte, in der Anekdote, im Volksmund. F. Enke, Stuttgart 1970

Stemplinger, E.: Von berühmten Ärzten. R. Piper, München 1938